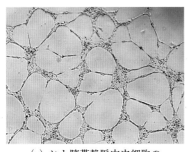
(a) ヒト臍帯静脈内皮細胞の
網目状管腔体

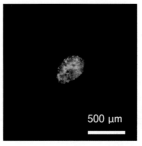
(b) 間質細胞と肝癌細胞株
からなる腫瘍様組織体

緑：間質細胞
赤：肝癌細胞株

口絵1 マトリゲルを用いて誘導された自己組織化（図4.2）

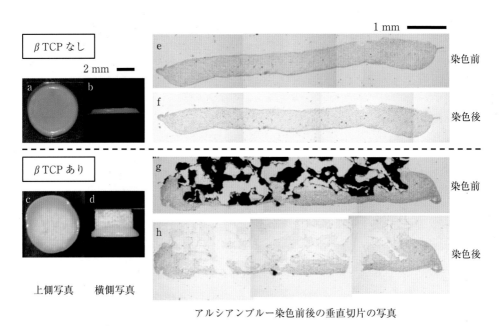

βTCP なし

2 mm

e 染色前

f 染色後

βTCP あり

g 染色前

h 染色後

1 mm

上側写真　横側写真

アルシアンブルー染色前後の垂直切片の写真

口絵2 MSCとβTCPブロックを組み合わせて作成した骨軟骨様構造物（図5.22）

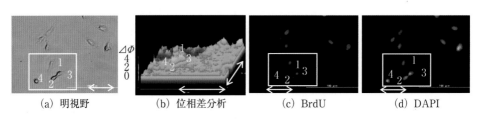
(a) 明視野　　(b) 位相差分析　　(c) BrdU　　(d) DAPI

口絵3 細胞周期とレーザー光位相シフトの1細胞解析（↔の長さは50 μm）（図7.19 (a)〜(d)）

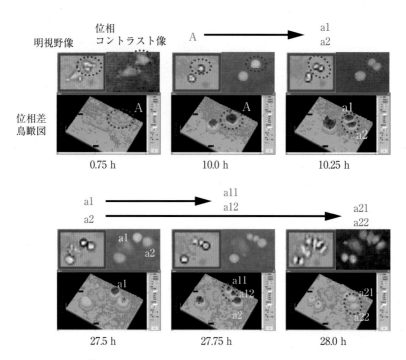

口絵4 接着細胞位相差のタイムラプス解析（図7.28）

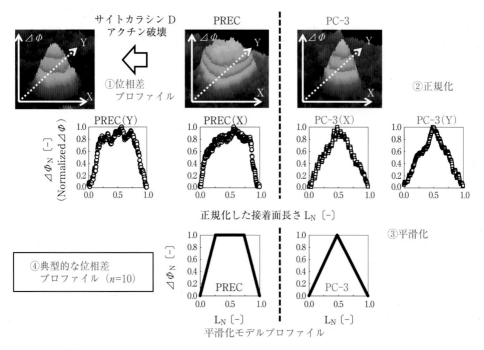

口絵5 PREC細胞とPC-3細胞の正規化した位相差プロファイルの比較（図7.30）

セルプロセッシング工学
（増補）

― 抗体医薬から再生医療まで ―

博士（工学） 髙 木　睦 編著
博士（工学） 岩 井 良 輔　著

コロナ社

ま え が き

　医薬品は主として化学合成か生合成により生産されるが，ヒト体内に存在する生理活性物質（タンパク製剤）が 1980 年代から医薬品として注目されると，その高次構造と糖鎖の維持の必要性から動物細胞培養が医薬品の生合成の手段として重要となった。さらに種々の抗原に対する抗体が優れた医薬品として数多く開発，上市されるにつれて 2000 年前半から動物細胞培養技術の需要は飛躍的に高まった。

　他方，ヒト胚性幹細胞（ES 細胞）に代表される再生医療の基礎研究が 1990 年代から急速に進歩し，加えて iPS 細胞が 2006 年に登場するにおよび，それらを応用した細胞移植および再生医療の実用化も進みつつある。

　これら抗体医薬を含む生理活性医薬品製造や移植用の再生組織や幹細胞の製造技術の中心は，動物細胞の培養である。すなわち，動物細胞を大量に培養し，得られた細胞の機能を利用して，種々の物質生産を行わせたり，体内に生着させたりして医療目的を達成する。このような動物細胞の培養プロセスで成功するためには，安定性や経済性だけでなく安全性にも十分に配慮しなければならない。

　そのためには，プロセスの目的を明確にした上で，培養に用いる細胞，培地および担体を的確に選択する必要がある。さらに，培養の効率化を図るとともに，経済性，安定性，安全性を満たす大量培養プロセスの設計と計測，制御システムの確立が必要となる。

　細胞移植医療や再生医療では生理活性医薬品と異なり，培養する細胞そのものがヒトに投与されるため，いっそう高度かつ安全な動物細胞培養技術が要求される。そのため，移植用細胞特有の効率的培養技術のほか，自動培養技術や非侵襲的細胞品質評価技術が必要となる。これらの新しい工学的課題を含めた

動物細胞培養工学全体が本書のタイトルでもあるセルプロセッシング工学である。

　本書は 2007 年 10 月刊行の『セルプロセッシング工学　—抗体医薬から再生医療まで—』に，最近 14 年間の最新の研究結果を追加して案内した増補版である。追加項目には，受精卵から細胞凝集，組織・臓器形成，そして生体をなし維持するまでの細胞のダイナミックな自発的変化である「自己組織化」(4章) をとりあげた。その他にも新規な追加項目としてはエクソソームの利用 (3.9節)，スキャフォールドフリー培養による軟骨様組織作成と保存 (5.5節)，マイクロキャリアを用いた間葉系幹細胞の効率的培養 (6.2節)，不織布担体を用いた間葉系幹細胞培養と播種方法 (6.3節)，細胞透過光の位相差分析による細胞周期識別 (7.4.5項)，細胞透過光の位相差分析によるがん細胞識別 (7.4.6項)，組織特異的分泌物の定量による非侵襲的分化評価 (7.4.7項) をとりあげ，読者が新しい成果を理解しやすいように，他の項目に比べてより具体的に説明した。

　本書は，大学の学部や大学院博士前期 (修士) 課程あるいは専門学校などで動物細胞培養工学や再生医学を勉強しようとする学生にその基礎を学ぶために有用であるが，実際の医薬品開発や再生医療・細胞医療開発の現場に直面している技術者にとっても問題解決に役立つものと考えている。さらに，一部で産業化が始まったばかりの細胞移植医療や再生医療ゆえ，今後現れるセルプロセッシング工学の新たな課題の解決にも本書はその手掛かりとして有効であろう。

　2021 年 12 月

編著者　髙木　　睦

目　　　　次

第 1 章　動物細胞培養の基礎

第2章　培養材料設計

第3章　大量培養技術

第4章　自 己 組 織 化

第5章　移植用細胞の効率的培養技術

第 6 章　移植用同種細胞の大量培養技術

第 7 章　移植用細胞培養の産業化技術

第 1 章

動物細胞培養の基礎

1.1 動物細胞培養の産業応用

　動物細胞培養の応用分野は研究分野と産業分野に分けることができる。研究分野への応用例として，基礎生物学，新規生理活性物質の発見，医薬開発，環境制御を挙げることができる。ウイルス学，体細胞遺伝学，免疫学など基礎生物学では複雑な動物個体を単純化した細胞培養系での実験が有効な場合が多い。新規生理活性物質，例えば，抗がん物質のスクリーニングにおいて，培養したがん細胞など標的細胞に対する添加物質の効果を調べることにより，特定の生理活性を有する物質を見いだすことが可能である。医薬開発に必要な動物実験の一部を動物細胞培養実験により代替えすることができる。例えば，新規薬物が体内でどのように解毒・代謝されるかを，肝臓細胞の培養系を用いて評価する動物実験代替システムの研究が進んでいる。同様に，動物生殖細胞などの培養系への添加物質の影響を調べることによる"環境ホルモン"などの環境的化学物質の検出・評価が試みられている。

　動物細胞培養の産業分野への応用の重要性が今後ますます高まると考えられている。その理由の第一として，動物細胞が生産する生理活性物質が疾病の治療に対して非常に重要であるということがある。動物細胞培養をこれら医療用生理活性物質の生産手段として利用することは，1960 年代後半から主としてワクチン生産を目的として始められた。その後，インターフェロン，インターロイキン，ティッシュプラスミノーゲンアクティベータなどの体内生理活性物

質ががんや血栓溶解に有効なことが見いだされてから，1980年代以降，急速に動物細胞培養の工業的技術開発が進められた。これらヒト体内に存在する生理活性タンパク質と同じ高次構造と同じ糖鎖を有するタンパク質の生成は，大腸菌，酵母などの微生物ではきわめて困難であり，動物細胞でしか生成できないとされたからである。

　2000年ごろから，体内のさまざまな抗原タンパク質に対する抗体が，それらの抗原が関与する疾病の有効な治療薬，いわゆる抗体医薬となることが見いだされ，多くの種類の抗体の医薬品としての開発が急速に進んでいる。異なる抗原に対する異なる抗原決定部位を有する異なる抗体であってもその他の部位の構造はほとんど同じである。すなわち，抗体の種類が異なってもヒトに投与した際の体内動態や毒性がほとんど同じと考えられ，新薬開発のリスクが低く，臨床開発のスピードもそれだけ早くなるため，抗体医薬が新薬候補として注目されているのである。例えば，2006年時点で，日本の厚生労働省に相当する米国食品医薬品局（FDA）に製造承認申請中66品目，臨床開発中300品のバイオ医薬品の大部分が抗体医薬であるといわれている。そのため，動物細胞培養に必要な工業的設備も不足する傾向にあり，世界中の動物細胞培養用培養槽の総容積60万l（2004年）を超える90万lの設備が新しく建設中である。

　動物細胞培養の産業分野への応用が重要視されている第二の理由は再生医療・細胞治療である。1990年代後半から，胚性幹細胞（ES細胞）に代表されるように種々の幹細胞とその分化・増殖の制御にかかわる多くの基礎的知見が急速に報告され，それらに基づく再生医療の実現が社会的にも要請されている。前記の生理活性物質医薬品生産を目的とした動物細胞培養プロセスでは，細胞により分泌された目的タンパク質が生産物であり，目的タンパク質の生産性が最も重要なプロセス変数であるが，再生医療にかかわる細胞培養のプロセスでは細胞そのものが生産物である。したがって，細胞の増殖だけでなく細胞の分化や3次元化など，さらに困難な細胞加工（"セルプロセッシング"）の技術が求められる。さらに，細胞の性質を変化させる病原性因子は培養プロセスからより完全に除外する必要があり，生理活性物質医薬品生産を目的とした動

物細胞培養プロセスに比べてより高度な安全性が求められる。

1.2　動物細胞培養の歴史

　臓器に由来する細胞を用いた最初の培養実験はルー（Wilhelm Roux）により 1885 年に行われた。すなわち，ニワトリ胎仔の神経板を塩類溶液中で保温することにより，神経板を構成する細胞自身の作用により神経系の発生が始まることを証明した。また，オタマジャクシの脊索から分離された神経繊維細胞が 1907 年にハリソン（Harrison）によりカエルのリンパ液中で培養された。このように細胞を培養できることは 20 世紀初頭には見いだされていたが，動物細胞培養が産業応用されるのは 1960 年代以降になってからである。

　一方，フレミング（Fleming）によりカビによる抗生物質ペニシリン生成が発見されたのは上記よりずっと後の 1929 年であったが，早くも 1940 年にはペニシリンの工業生産が開始されている。

　このように動物細胞培養の産業応用が遅れた原因のいくつかは技術的な問題にあった。動物細胞培養に固有の工学的課題を**表 1.1** に挙げたが，遅れた原

表 1.1　動物細胞の特徴と動物細胞培養の工学的課題

		微生物培養	動物細胞培養	工学的課題
増　殖		浮遊	接着依存性（接触阻止）	接着担体（マイクロキャリヤーなど） 浮遊化
		無限	有限 （〜50 PDL）	凍結保存 株化
		高密度	低密度 （〜10^6 cells/ml）	高密度培養 基本条件最適化（温度, pH, DO）
		世代時間〔h〕	世代時間〔d〕	雑菌汚染防止技術
せん断力		1 000 rpm	100 rpm	低速撹拌方法
深部通気		可	困難	通気方法（エアースプレー, 加圧など）
浸透圧		耐性	敏感	浸透圧制御
栄養要求		単純	複雑 （血清など）	無血清培地 培地交換技術（特に浮遊培養）
呼吸速度		測定容易	測定困難	オンライン連続測定法

因の第一は，動物細胞の培養に複雑な組成をもつ血清の添加が不可欠だったことにある。血清は未知の成分を含む多種類の物質からなり，血清を採取する動物の種類，性別，年齢，栄養状態により血清の組成が異なり，著しく培養成績が影響されるため，培養の再現性が得られにくい。これは化学合成培地あるいは無血清培地の開発により現在ではかなり改善されている。第二に，培養のために動物個体から細胞を分離するが，分離した細胞の分裂可能回数が少なく，培養のたびに行う細胞分離の再現性が低いことである。これに関しては，今日では無限回数分裂可能な株細胞の樹立技術や細胞の凍結保存技術が進歩している。第三に，動物細胞の増殖速度の低さがある。1回の分裂に要する平均的な時間である平均世代時間は，動物細胞の場合に短いものでも約24時間であるのに対して，大腸菌で約20分の例もあるように微生物では非常に速い。動物細胞を培養中の直径100 mmのディッシュに細胞がほぼ集密状態の1×10^5 cells/cm^2（総細胞数；約1×10^7 cells）存在しているところへ，大腸菌が1個混入して1日経過すると大腸菌の数は$1 \times 2^{24 \times 3}$ cells すなわち 4×10^{21} cells となり，もはや"動物細胞の培養"とはいえなくなる。これはクリーン設備技術，殺菌・除菌技術の飛躍的進歩により現在ではほぼ解決されている。

1.3　動物細胞の構造

　植物細胞などでは細胞膜の外側に細胞壁があるが，動物細胞では細胞膜だけで細胞壁がなく，せん断力のような機械的な外力に弱い（図1.1）。

　遺伝情報が記録されているDNAからなる染色体は，核膜に包まれた核にある。このDNAから転写されたmRNAをもとにして，細胞質内の小胞体にあるリボソームでタンパク質が合成される。

　合成されたタンパク質にゴルジ体において糖鎖が結合し，糖タンパク質となる。主としてタンパク質のセリン残基とアスパラギン残基に糖鎖が結合するが，糖鎖の構造は酵母，植物，動物の間で大きく異なるし，動物の中でも種によって異なる。糖鎖の構造は，タンパク質の活性，安定性を左右し，抗原性に

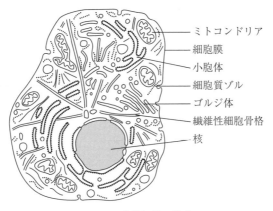

　ミトコンドリア
　細胞膜
　小胞体
　細胞質ゾル
　ゴルジ体
　繊維性細胞骨格
　核

図1.1 動物細胞の構造

もかかわるため重要である。動物細胞培養によって医薬品タンパク質を生産する理由の一つがここにある。

　ミトコンドリア内にはTCAサイクルがあり，エネルギー獲得に重要である。

　細胞質には，アクチンに代表される細胞骨格が縦横にあり，細胞の物理的構造を定めている。

　細胞膜には，チャネルタンパク質，ポンプタンパク質など，輸送にかかわる分子がある。また，細胞外にあるさまざまなサイトカイン，増殖因子などの因子に結合し，細胞内にシグナルを伝達する受容体の多くも細胞膜表面にある。

1.4 動物細胞の種類と接着依存性

　培養に用いる動物細胞の第一の種類として初代細胞がある。多細胞生物である動物個体の臓器や組織をコラゲナーゼやトリプシンなどのタンパク質分解酵素で処理することにより細胞1個単位に分散させて得られる細胞が初代細胞であり，有限寿命であるために生体外にて増殖できる回数にも限界がある。第二の種類として，非常に長期間培養した初代細胞や，がん化した組織から得られ，無限に増殖できる株化細胞（細胞株）がある。この株化細胞の場合，培養によってほぼ同質の細胞を大量かつほぼ無限に調製可能である。株化細胞を用

いることにより，実験室内において，長期培養や繰り返し実験を再現よく行うことが可能となる。ただし，これらの株化細胞は，無限寿命の性質を獲得する過程において，初代細胞の機能の一部を失っている場合が多く，生体内に存在したときや，初代細胞とまったく同等ではない場合が多い。がん細胞などの株化細胞に対して初代細胞を正常細胞と呼ぶ場合もある。

　初代細胞の重要な性質の一つに接着依存性がある。ほとんどの微生物は液体中に浮遊した状態で生存，増殖できるが，通常の初代動物細胞は浮遊状態では生存できず，生存，増殖のためにはなんらかの面に接着している必要がある（表1.1）。この性質を接着依存性という。初代細胞でも血球系細胞は，例外的に接着非依存性である。株化細胞の多くも接着非依存性であり，接着依存性細胞が接着非依存性細胞となることを"浮遊化"という。

　動物体内で正常細胞は細胞どうしが接着しあうことにより体の形状を維持しており，がん細胞は浮遊化し，血液流に乗ることにより転移する，と考えると"接着"を理解しやすい。

1.5　動物細胞培養と微生物培養との差異

　培養工学[1]†は，もともと前述のペニシリンの工業生産などを目的として発展したために微生物の培養を前提としていた。動物細胞培養においても従来の微生物を対象とした培養工学の成果の多くが応用できるが，動物細胞と微生物細胞との性質の差異に起因する動物細胞培養に特有の工学的課題が存在する（表1.1）。従来の培養工学に関しては成書を参考にされたい。

　すでにふれたように，微生物は浮遊状態で生存できるのに対して大部分の動物細胞は生存に接着を必要とするため，動物細胞を効率よく接着するための接着担体が必要である。また，浮遊化も重要な工学的課題である。

　浮遊化するには，一般的に接着細胞をトリプシン処理などで剥離し，スピナーフラスコなどで攪拌培養あるいは振とう培養する。多くの細胞は浮遊状態

† 肩付き番号は巻末の引用・参考文献の番号を示す。

に置かれて死滅するが，死滅しない細胞が増殖を開始するので，これらを選別する。浮遊化した細胞を用いる浮遊培養はもとの接着細胞とは，浸透圧への感受性（3.6.2項参照）など，挙動が異なることがある[2]。

　微生物が無限に増殖できるのに対して動物細胞は有限回数しか分裂できないため，動物細胞を一時的に凍結保存する技術が必要であり，目的によっては無限回数分裂できるように動物細胞を株化することも重要である。

　動物細胞が分裂すると，染色体の末端にあるテロメアが短縮し，長さが一定以下になると分裂できなくなる。例えば，ヒト骨髄から分離された間葉系幹細胞（MSC）を移植に十分な量になるまで増殖させると，増殖するにつれてテロメアが短くなることが報告されている。MSCドナーであるヒトの年齢が高いほど分離された時点のテロメアも短いが，年齢に応じてテロメアが短くなる割合よりも，図中で●◆■はそれぞれ同じドナーに由来するMSCであるが，これらの培養中に分裂回数に応じて短くなる割合のほうが急速であった（**図1.2**）[3]。

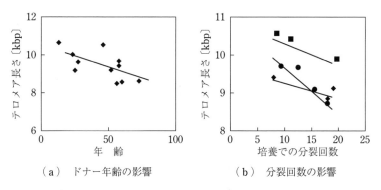

（a）　ドナー年齢の影響　　　　　　　（b）　分裂回数の影響

図1.2　テロメア長さに及ぼすドナー年齢や分裂回数の影響

　動物細胞培養においては空間的制約および溶存酸素供給の制約から細胞密度は通常 10^6 cells/ml 程度に上限がある。動物細胞培養において細胞の機能を十分に発揮したり経済性（リアクター生産性）を満足するためには，これらの制約を打破し，高密度培養を達成することが重要である。また，温度，pH，溶存酸素濃度（DO）などの最適値を明らかにし，最適値に精度良くコントロールすることも重要である。

　微生物に比べて動物細胞の増殖が著しく遅いため，動物細胞培養においては厳密な雑菌汚染防止技術が必要となる。3章で述べるように，これは実際の工業化に際しては最も重要かつ困難な課題である。

　動物細胞は微生物に比べてせん断力に弱く，溶存酸素供給の重要な手段である深部通気（バブリング）をほとんど適用できないため，低速撹拌で培養液を混合する必要がある。また，深部通気に匹敵する溶存酸素供給速度を達成できる新しい通気方法の確立も不可欠である。また，最近では，培地の工夫（消泡剤，細胞防御剤など）により深部通気が可能な場合も出てきているようである。

　動物細胞の複雑な栄養要求を簡便に満足するために動物細胞培養用の培地には動物血清を添加するが，これには病原体混入という安全上の問題があり，動物血清を添加しない無血清培地の開発が実用化に当たって非常に重要な課題となっている。

　動物細胞は浸透圧の変化に非常に敏感であり，浸透圧を一定に維持しながら培養することが一般的である。そのため，培養中の栄養源枯渇の際に流加を行えず，新鮮な培地に置換する培地交換が必要となる。工業スケールでいかに培地交換を実施するかも大事な工学的課題である。逆に，浸透圧を変化させることによる培養の制御も可能である。

　細胞の代謝活性の指標となる呼吸速度は，微生物培養において重要なオンライン計測対象であるが，動物細胞培養では細胞密度が低く呼吸速度の絶対値が小さいために，呼吸速度のオンライン測定には特別な工夫が必要である。

　以上の工学的課題に対する解決策は，2章と3章で詳しく解説する。

1.6　細胞の入手，保存，輸送

　実験材料としての動物細胞を入手する場合は，細胞バンクや，細胞取扱い業者を利用する場合と，実際に動物個体から初代細胞を分離して利用する場合に分けられる。動物個体から細胞を分離する技術は分離源の組織の種類や分離する細胞の種類により異なるので詳細は他書を参照されたい。

　細胞バンク等から入手する場合には，Tフラスコ内で培養されたまま液体培地を満たした状態で，もしくは，凍結された細胞懸濁液がアンプルに封入された状態で，送付される。前者の場合は，受領後，ただちに培地を抜いて，通常の培地液量に戻し，培養を再開する。

　凍結アンプルの状態で入手する場合は，受領後，安全のため手袋，安全メガネ等をつけ，ドライアイスや液体窒素中からアンプルを取り出し，ただちに37℃の純水中で素早く振って融解する。アンプルの外側を殺菌剤で浸したガーゼで丁寧に拭き，クリーンベンチの中で開封する。その後，定法に従い遠心分離，洗浄によりDMSOを除去して培養を開始する。

　入手先から提供される情報をもとに細胞の性状を理解した上で培養を開始する。例えば，遠心分離に弱い細胞の場合は，DMSOを除去せずに直接に播種し，1日間接着させた後に培地交換を行う。また，播種密度が低すぎると増殖開始までのラグフェース（lag phase）が長くなったり，増殖しない場合があるので注意する。

　以下に示す機関の細胞バンクが利用可能である。

　細胞材料開発室 CELL BANK（理化学研究所，https://cell.brc.riken.jp/ja/），JCRB細胞バンク（医薬基盤・健康・栄養研究所，https://cellbank.nibiohn.go.jp/），東北大学加齢医学研究所医用細胞資源センター（http://www2.idac.tohoku.ac.jp/dep/crcbr/），（独）製品評価技術基盤機構（https://www.nite.go.jp/index.html），ATCC（American Type Culture Collection，https://www.atcc.org/）。

　細胞を凍結保存する場合は，数か月程度の短期間であれば−80℃でもよいが，それ以上の長期間の場合は液体窒素中に保存する。液体窒素中に保存中の細胞を輸送する場合は，近距離であれば液体窒素中に懸濁した状態でも可能であるが，長距離では安全上好ましくない。液体窒素温度のままで長距離輸送する場合には，航空機でも携行可能な市販の特殊な容器（テイラーワートン社製）を利用できる。

1.7　培養解析のための顕微鏡観察方法

　抗体医薬などの医薬品生産，移植用細胞のプロセッシングなど，いずれにおいても動物細胞培養プロセスを最適に管理および制御するためには，培養状態を解析することが重要である。解析のためには培養の状態を分析し，把握することが必須である。細胞に関する種々の定量分析方法は 1.8 節で述べることとし，ここでは細胞の状態を観察するための基本的手段である顕微鏡観察方法について概説する。

1.7.1　倒立型位相差顕微鏡観察

　ディッシュ底面等の平面上に細胞を接着して行うのが，最も基本的な動物細胞培養法である。ここで細胞は生体内の 3 次元的な組織構造をとらないが，由来する組織に特徴的な接着形態を示す。例えば，繊維芽細胞は細長い紡錘形を示し，上皮細胞は多角形の細胞が敷石状に並ぶ。

　細胞はほぼ無色透明であるため，通常の顕微鏡で細胞を観察するためには細胞染色が必要となる。細胞を染色せずに，培養器内の細胞を生きたままで，経時的に観察するためには，倒立型位相差顕微鏡が必要となる（**図 1.3**）。

　細胞は無色透明であるが，培養液と細胞とは屈折率がわずかに異なるため，

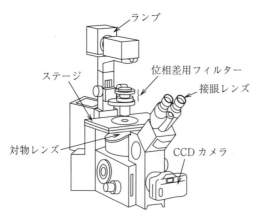

図 1.3　倒立型位相差顕微鏡

細胞部分を透過した光と細胞がない部分を透過した光とは位相が異なる。この位相の違いを視覚化し，コントラストをつけて細胞像を鮮明に見えるようにしたのが位相差顕微鏡である。細胞内でも細胞膜部分の屈折率が特に大きいため，特に細胞の輪郭が明瞭に見える。

　使用方法は簡単であるが，鮮明な像を得るためには，取扱説明書にしたがって位相差の調整を行うことが重要である。できればCCDカメラを併設し，細胞形態を客観的なデータとすることも大事である。

1.7.2　蛍光顕微鏡観察

　蛍光とは試料に当てた光（励起光）が試料中の色素分子に吸収されて再び光（蛍光）を放射する現象で，一般に励起光の波長より，蛍光波長のほうが長くなる。1.7.1項の位相差顕微鏡では細胞に当てた光の変化（強弱や屈折など）を観察するが，蛍光顕微鏡観察では細胞に励起光を照射し，細胞が発する蛍光を観察する。この際，発せられる蛍光のみを通すフィルターで励起光の影響を除いて高感度の検出を可能にしている。細胞内の抗原を特異的に認識する蛍光標識抗体と蛍光顕微鏡を用いてその抗原の分布を調べることができる。例えば，特定の抗原を認識する抗体（1次抗体）を細胞に結合させた後，その1次抗体を認識する抗体（2次抗体）に蛍光色素を結合させたものを1次抗体に結合させ，蛍光顕微鏡で観察することにより，目的とする抗原（タンパク質）の有無や細胞内での局在を知ることができる（図1.4）。

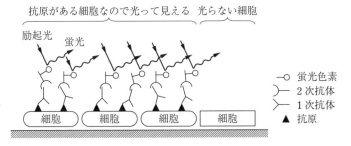

図1.4　免疫蛍光染色細胞の蛍光顕微鏡観察

1.7.3　共焦点レーザー顕微鏡

　蛍光顕微鏡では，細胞の厚さ方向の観察したい焦点面以外（上下）の深さの蛍光も検出するため，画像がぼやける傾向がある。これに対して，共焦点レーザー顕微鏡は，検出器の手前にピンホールを設置することによって，焦点面からの蛍光だけを検出し，それ以外から発生した蛍光を排除することによって，解像度の高い，鮮明な画像を得ることができる（**図1.5**）。

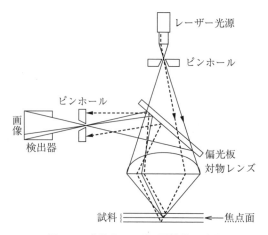

図1.5　共焦点レーザー顕微鏡の原理

　励起光にはレーザーを用い，試料を焦点面で走査（スキャン）して得られた蛍光から，2次元の画像を生成できる。また，焦点面を少しずつ上下にずらして取り込んだ画像を再構成して，3次元画像を生成することもできる。さらに，厚みのある組織切片などの試料でも，ピンホールの大きさを調節することで，光学的に薄い切片像を作成することが可能である。

1.7.4　その他の新規な顕微鏡

　前述の顕微鏡は，細胞構造に関するほぼ平面的な情報しか得られないが，細胞の立体構造や立体形状に関する情報が得られる顕微鏡として，原子間力顕微鏡や位相シフトレーザー顕微鏡などが開発されている（7.4.4項参照）。

1.8 培養解析のための細胞定量分析方法

　動物細胞培養プロセスは，基本的には炭素源などの基質を消費しつつ，サイトカインなどの補因子の作用により動物細胞が増殖，分化し，その動物細胞により抗体，生理活性タンパク質や老廃物などが生成されるプロセスであるので，培養状態把握のための分析項目を大別すると，基質濃度，補因子濃度，生産物の性状と濃度，動物細胞の性状（質）と濃度（量）が挙げられる。

　これらのうち，基質濃度，補因子濃度，生産物の性状と濃度の分析は，他の化学プロセスや微生物培養プロセスにも共通の分析項目であるので述べず，ここでは，動物細胞の性状と濃度の定量分析法の代表例を説明する。

1.8.1 計　数　法

　計数法による動物細胞濃度の分析には血球計算盤を用いる。すなわち，一定の間隔で溝が刻まれた特殊なスライドグラス（血球計算盤）とカバーグラスとの間にできる厚さ一定のチャンバーに細胞懸濁液を入れ，チャンバー内にある細胞の数を顕微鏡下で計数することで，細胞懸濁液の細胞濃度を測定する。一般的な Bürker-Türk タイプの血球計算盤（**図 1.6**）では，チャンバーの厚さ 0.1 mm で縦横 1 mm×1 mm の碁盤の目状に溝が刻まれている。この場合，縦横 1 mm×1 mm の区画内に細胞が 1 個あると，細胞濃度は 1×10^4 個 cells/ml になる。

　計数法の代表的なものにトリパンブルー法がある。生きている細胞はトリパンブルー色素を排除できるが，死んだ細胞は排除できないために青く染まることを利用して，細胞懸濁液にトリパンブルー色素を添加して血球計算盤に入れ，生細胞濃度と死細胞濃度を区別して同時に計数できる。この方法の欠点は，トリプシン処理などにより接着細胞を剥離してから染色する必要があるため，剥離操作に手間が掛かることと，すべての接着細胞が剥離されないと定量性が得られないことである。

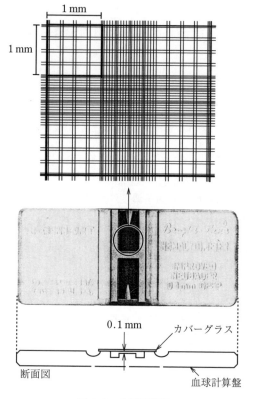

図1.6　血球計算盤

　これに対して，剥離操作を必要としない計数法として脱核染色法がある。接着細胞を含むディッシュなどの培養器の上清を除去した後，クリスタルバイオレットなどの色素とクエン酸からなる染色液を入れると，クエン酸の作用により細胞膜が溶解し，細胞外に放出された細胞核が色素に染まる。このようにして得られた細胞核懸濁液中の細胞核濃度を血球計算盤で計数し，細胞核濃度を細胞濃度として求める。後述のマイクロキャリヤー培養や中空糸膜培養にも適応できるが，ディッシュ底面に接着した細胞の場合はスクレーパーを併用したほうがよい。脱核染色法では剥離の操作を必要としないが，生死の区別はできず，多核細胞には適用できない。

　これらの計数法は，顕微鏡（正立型でも倒立型でもよい）と血球計算盤以外

に特別な装置は必要なく簡便であるが，測定精度を上げるためには100個以上程度の細胞計数が必要であるなど，多検体の細胞濃度分析には向いていない。

1.8.2 タンパク質定量法とMTTアッセイ法

多検体の細胞濃度分析に適用可能な方法としてタンパク質定量法とMTTアッセイ法がある。

タンパク質定量法の例としては，グルタルアルデヒド固定した接着細胞をメチレンブルー色素で染色した後，塩酸で色素を抽出し，吸光度を測定するという方法がある。この場合，96ウェルプレート（**図1.7**（b））での培養の場合でも，96ウェルすべてのウェルの吸光度をプレートリーダーで一括して測定するなどにより，すべてのウェルの細胞密度を簡便に定量することができる。ただし，細胞当りのタンパク質含量が大きく変動するような培養の場合には，タンパク質濃度が細胞濃度に必ずしも比例しないので注意が必要である。

（a） 100ϕ ディッシュ（$55\,cm^2$）　　（b） 96ウェルプレート（$0.32\,cm^2$/ウェル）

図1.7 ディシュと96ウェルプレート

細胞の還元活性を利用して多検体の細胞濃度を測定する方法にMTTアッセイ法がある。接着細胞を含むディッシュ（図（a））などの培養器に，MTT（Methyl-thiazoletetrazolium）やMTS（3-(4, 5-dimethylthiazol-2-yl)-5-(3-carbo-2-(4-sulphophenyl)-2H-tetrazolium）などを含む試液を加え，数時間インキュベートし，細胞によりMTTやMTSが還元されて生成するホルマザン（青色）の吸光度を測定する方法である。96ウェルプレートなどで多検体処理をできるが，細胞の還元力が増大するだけで細胞濃度が増大していない場合でも測定値

は増加するので，顕微鏡観察など，他の方法も併用して細胞濃度の増大を確認することが望ましい。

1.8.3　コロニー形成法

　動物細胞，特に初代動物細胞の培養では，培養中の細胞集団が1種類の細胞からなることはまれで複数の細胞種の混合集団であることが多い。このような培養では集団全体の細胞濃度の合計値だけでなく複数の細胞種それぞれの細胞濃度を把握することがきわめて重要となる。しかし，計数法やタンパク質定量法，MTTアッセイ法などでは細胞種類を区別して測定することはできない。

　このような場合に細胞の種類ごとにそれらの濃度や含有率を定量する方法としてコロニー形成法や1.8.4項のフローサイトメトリーがある。ここでは造血細胞の培養の場合を例に挙げて，これらを説明する。

　図1.8に示すように，血液中に通常含まれる赤血球，顆粒球，マクロファージ，Bリンパ細胞，Tリンパ細胞などの血球細胞（成熟血液細胞）のすべては，骨髄の中で1種類の細胞（造血幹細胞）の分化により生成されている。これら骨髄液中の細胞をもとにして造血幹細胞や造血前駆細胞を増殖させる培養が，骨髄移植への応用を目的として行われているが，そのような培養中には図に示すすべての細胞種が含まれる。

　この培養中，造血幹細胞や造血前駆細胞は，増殖して元と同じ細胞になる場合（自己複製）と増殖して元と異なる細胞種になる場合（分化）がある。後者の場合，造血幹細胞や造血前駆細胞は，図中でそれらの右隣にある細胞種へ分化していき，最終的には図の一番右側にある成熟血液細胞となる。

　ある条件で培養すると分化して多数の成熟血液細胞を生成するという造血前駆細胞の性質を利用して造血前駆細胞数を定量するのが，造血細胞の場合のコロニー形成法である。骨髄液に含まれる細胞を培養すると図に示される複数の細胞種が表れるが，分化に必要なサイトカインを含むメチルセルロース半固形培地にこれらの細胞混合サンプルを十分に希釈してから植えて一定期間培養すると，サンプルに含まれていた前駆細胞は増殖，分化して植えられた場所に特

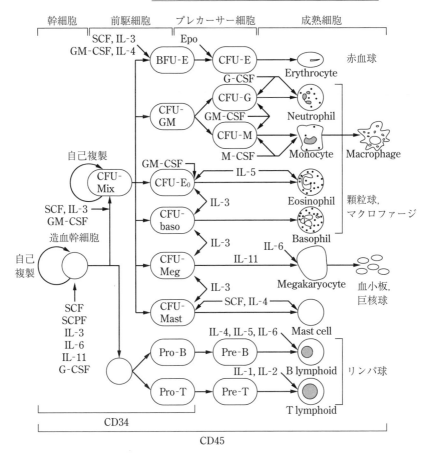

図1.8 造血幹細胞から成熟血液細胞への分化

定の成熟細胞のコロニーを形成する（**図1.9**）。もし，成熟細胞のうち顆粒球
やマクロファージが混合して含まれるコロニーが1個出現すると，顆粒球とマ
クロファージの両方に分化できる前駆細胞である CFU-GM（顆粒球マクロ

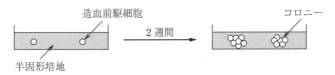

図1.9 コロニー形成法による造血前駆細胞の計数

ファージコロニー形成単位）がもとのサンプルに1個含まれていたことがわかる。顆粒球やマクロファージのほかに赤血球も含むコロニーの場合には，CFU-Mix が含まれていたと判定する。

　このようにしてサンプルに含まれていた前駆細胞の種類と個数を測定できるが，コロニー形成に数週間の時間を要するとともに，コロニーに含まれる成熟細胞の種類を顕微鏡下で判定するにはある程度の熟練を要する。

1.8.4　フローサイトメトリー

　動物細胞の細胞膜表面には各種受容体やトランスポーターなど，さまざまなタンパク質（表面抗原タンパク質）が存在している。それらの表面抗原タンパク質の種類と細胞の分化段階との対応が明らかになっている場合には，細胞表面に特定の表面抗原が存在するか否かを細胞1個1個について個別に分析し，特定の表面抗原が存在する細胞の割合を算出することにより，特定の分化段階にある細胞種が全体の細胞集団に含まれる割合を示すことができる。

　このような分析に用いる分析装置がフローサイトメーターであり，フローサイトメーターを用いた細胞分析をフローサイトメトリーという。

　前述の骨髄液に含まれる造血細胞の培養を例に挙げてフローサイトメトリーを説明する。培養中に出現する造血幹細胞，造血前駆細胞，成熟血液細胞を含むすべての造血細胞の表面には，表面抗原タンパク質 CD（cluster of differentiation）45 が存在する。その中でも比較的未分化な造血幹細胞や造血前駆細胞の表面には CD34 も存在する。そこで培養中の細胞を抗 CD45 抗体および抗 CD34 抗体を用いて免疫染色する。例えば，蛍光化合物である FITC（fluorescein isothiocyanate）で標識した抗 CD45 抗体と別の蛍光化合物 PE（phycoerythrin）で標識した抗 CD34 抗体を用いる。

　これらの前処理（免疫染色）を行った細胞1個1個について蛍光物質の結合の有無を調べる装置がフローサイトメーター（**図1.10**）である。すなわち，細胞を液流（フロー）に乗せてノズルから1個ずつ流し，ノズルから出てきた細胞1個1個にレーザー光を照射し，細胞から発せられる特定波長の蛍光の強

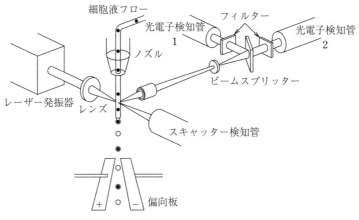

図 1.10 フローサイトメーターの概略[4]

さを光電子検知管により測定するというものである。

　フローサイトメーターでは細胞 1 個 1 個の測定データをまとめてグラフ化して表示される。骨髄液に含まれる造血細胞の培養で得られる細胞サンプルのうち成熟血球が大半を占める場合と未分化な細胞が大半を占める場合のデータの例を**図 1.11** に示す。

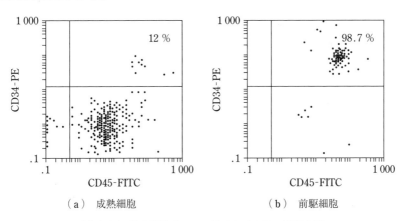

図 1.11 造血細胞のフローサイトメトリー分析の例

　フローサイトメトリーはコロニー形成法に比べると熟練を要さず，より客観的なデータを得ることができる。しかし，フローサイトメーターという高価な

装置を必要とし，その適用は造血細胞の CD45 の場合のように表面抗原と細胞種との対応が明らかな場合に限られる。

　また，フローサイトメトリーは，以上に例示した細胞の分化段階の分析だけでなく，アポトーシスやネクローシス細胞の区別，ミトコンドリア膜ポテンシャルの高低，細胞サイズの分析など細胞のいろいろな性質についての分析にも応用可能である。

1.8.5　アポトーシス細胞の割合分析

　ネクローシスとアポトーシスの2種類からなる細胞死を分析することは動物細胞培養を工学的に解析する上で重要である。アポトーシスに関連した分析法は種々あるが，ネクローシス細胞数とアポトーシス細胞数を分別して定量できる方法を紹介する。

　アポトーシス細胞ではフォスファチジルセリンが細胞膜外部に露出し，カルシウム存在下にアネキシン V（annexin V）と結合する。アポトーシス細胞のうち初期アポトーシス細胞では細胞膜の構造が保たれているため，細胞外のヨウ化プロピジウム（propidium iodide，PI）は膜を通過せず，DNA と結合できない。そこで蛍光色素（FITC）で標識したアネキシン V（annexin V-FITC）と蛍光を有するヨウ化プロピジウムで細胞を染色し，フローサイトメーターに

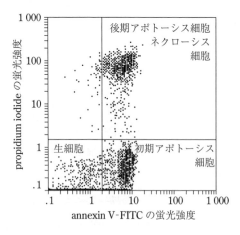

図1.12　フローサイトメトリーによるアポトーシス分析

流すと，初期アポトーシス細胞はPI陰性，annexin V-FITC陽性細胞として，後期アポトーシス細胞およびネクローシス細胞はPI陽性，annexin V-FITC陽性細胞として，それぞれその割合を定量できる（**図1.12**）。

1.8.6 細胞周期の分析

例えば，高浸透圧下での培養では，細胞周期のうち，G_1期の細胞が増え，増殖速度が低下することが知られている。このように細胞周期の分析は動物細胞培養を解析するために重要である。ここでは細胞周期の定量分析法としてヨウ化プロピジウム（propidium iodide，PI）を用いた染色法を紹介する。

固定した細胞にヨウ化プロピジウムを添加すると，PIは細胞内に入り，核酸の二重らせん構造に挿入される。これをフローサイトメーターに流しPIの蛍光を検出すると，G_1期の細胞のピークの約2倍の蛍光強度にG_2/M期の細胞のピークが現れる（**図1.13**）。この結果から，G_1期細胞，G_2/M期細胞，S期細胞の各割合を分析することができる。

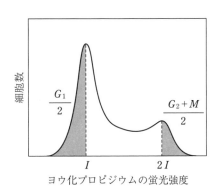

図1.13 フローサイトメトリーに
よる細胞周期分析

1.8.7 細胞増殖活性（DNA前駆体取り込み法）

細胞増殖活性の分析法として，培養期間中の二つの時点間での細胞量変化を分析する方法のほかに，DNA合成を指標にする方法がある。

DNAに特異的なチミジンに放射能をつけた［^{3}H］チミジンを細胞サンプルに一定時間添加し，取り込まれた［^{3}H］チミジン量を液体シンチレーション

カウンターで定量する方法がある。

　放射性物質を使用しない簡便かつ迅速な分析方法として，5-ブロモデオキシウリジンを細胞サンプルに添加して一定時間取り込ませ，取り込まれた5-ブロモデオキシウリジンを抗5-ブロモデオキシウリジン抗体で免疫染色して分析する方法がある。

1.8.8　オンライン分析

　以上で紹介した細胞分析法はすべてオフライン分析となる。実際の動物細胞培養プロセスの管理や制御を目的とすると，オンラインで，かつリアルタイムで分析できることが望ましい。

　動物細胞は導電性の細胞質が絶縁体の細胞膜で覆われたものと考えることができる。このような細胞に電場を加えると，細胞濃度に応じた誘電率を示すことを利用した細胞濃度のオンライン定量法がある。

　培養液にある一定の波長の光を照射して細胞内のNAD（P）H含量に応じて励起されて発生する蛍光を測定する方法も提案されているが，細胞のNAD（P）H含量の培養中における変動について検討しておく必要がある。

　培養液に挿入したプローブ先端からレーザー光を発し，培養液を透過してプローブ先端の別の部位にある受光部に達した光を測定することにより得られる濁度から細胞濃度を調べる方法もある。

　呼吸速度のオンライン分析については3章で述べる。

　以上のオンライン分析方法はいずれも主として浮遊培養あるいはマイクロキャリヤー攪拌培養を対象としているが，これらの原理を応用し，接着培養用にセンサー部を改変すれば接着培養用にも適用可能かもしれない。

1.9　細胞増殖の速度論

　動物細胞培養プロセスの解析の基本は細胞増殖の解析であり，種々の分析値の中で最も重要なのは細胞密度（あるいは細胞濃度）の分析値である。

　浮遊培養の場合の細胞量分析値は単位培養液量当りの細胞濃度〔cells/ml〕で表示してもよいが，動物細胞培養の大半を占める接着培養の場合は細胞濃度ではなく単位接着面積当りの細胞密度〔cells/cm²〕で示すのが適当と考えられる。

　細胞増殖を解析するには培養のフェーズを理解する必要がある。細胞を培養器に播種すると，接着培養の場合は一定時間後までに細胞はディッシュ底面などの培養担体面に接着する。通常，播種後6〜24時間後までに接着せずに浮遊状態にある細胞は死滅すると考えられる。そこで播種細胞密度 X_i〔cells/cm²〕に対する初期接着細胞密度 X_0〔cells/cm²〕の割合を接着効率 Y_A〔%〕とする。

$$Y_A〔\%〕= \frac{X_0}{X_i} \times 100 \tag{1.1}$$

　接着効率 Y_A〔%〕は，播種した細胞の状態，接着面の親水性などの性状，接着因子などの培地組成により影響を受けると考えられる。

　接着培養，浮遊培養のいずれでも細胞播種後一定時間経過後，細胞密度は対数的に増加し始める。この間をラグフェーズという。ラグフェーズは，細胞分裂のための細胞内外での準備期間と考えられ，一般に播種細胞密度が低いとラグフェーズ（ラグ期）が長くなる傾向がある。

　ラグフェーズの後，細胞増殖が活発なログフェーズ（対数増殖期）に移行する。細胞は分裂により増殖する。したがって，培養時間を t〔h〕とすると，細胞密度 X〔cells/cm²〕の増加速度 dX/dt〔cells/cm²/h〕，すなわち，増殖速度は，細胞密度 X〔cells/cm²〕に比例すると考えられる。

$$\frac{dX}{dt} \propto X \tag{1.2}$$

この比例定数は増殖の活性を表す係数であり，比増殖速度〔1/h〕といい，一般に μ という記号が用いられる。

$$\frac{dX}{dt} = \mu X \tag{1.3}$$

$t = 0$ で $X = X_0$ という初期条件のもとでこれを解くと

$$X = X_0 \exp(\mu t) \tag{1.4}$$

となり，細胞を取り巻く環境が変化せず，比増殖速度 μ が一定であれば細胞密度が指数関数的に増殖する（対数増殖）ことがわかる。このように細胞は分裂により倍倍と増えることから対数増殖することが理解できる。細胞密度が2倍になる，すなわち，$X/X_0 = 2$ となる時間を倍化時間あるいは平均世代時間 g〔h〕とすると，式（1.4）から

$$g = \frac{\ln 2}{\mu} \tag{1.5}$$

すなわち

$$g = \frac{\ln 2}{\ln\left(\dfrac{X}{X_0}\right)} t \tag{1.6}$$

したがって，対数増殖期間中，経時的に得られる細胞密度のデータを片対数方眼紙にプロットしていくと直線が得られ（**図1.14**），その傾きから平均世代時間 g を求めることができる。平均世代時間 g は短いほうが一般に経済的であるが，株化細胞でも15時間程度であり，初代細胞では150時間を超える場合もある。また，接着担体の性状や血清成分をはじめとする増殖因子によっても影響を受ける。

対数増殖が続くとしだいに増殖速度が低下し，細胞密度が一定になる。この

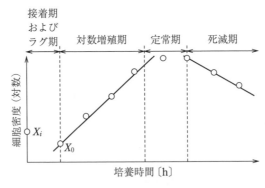

図1.14　細胞増殖と培養フェーズ

期間を定常期（ステーショナリーフェーズ）という。定常期に移行する原因には，培地中の栄養源や増殖因子の枯渇，細胞が分泌する代謝老廃物の蓄積および接触阻止（contact inhibition）などが考えられる。

　接触阻止は接着依存性細胞の接着培養に特有の現象である。すなわち，接着依存性細胞を培養する場合に細胞が増殖した結果，接着面を細胞が覆いつくして細胞どうしが直接接触する密度にまで達すると，増殖が停止する。

　接触阻止が生じるくらい細胞密度が高密度に達した状態をコンフルエントという。コンフルエントの細胞密度は細胞種により 10^4 cells/cm^2 台から 10^5 cells/cm^2 台までさまざまである。コンフルエントの細胞密度は播種細胞密度を決定する根拠の一つになる。

　定常期を経て培養を継続すると，細胞密度が減少する死滅期（デスフェーズ）に移行する。細胞密度の減少すなわち細胞の死の原因は，栄養源の枯渇，代謝老廃物の蓄積，温度，pH，浸透圧などの環境因子の変化などさまざまである。

　上述の接着培養の過程と異なり浮遊培養では，初期接着過程がなく，また接触阻止以外の栄養源の枯渇や酸素供給速度の制限などの理由により，定常期に達する。

1.10　継 代 培 養

　前述のように，接着培養において細胞密度がコンフルエントに達すると，細胞密度はこれ以上増えない。したがって，さらに細胞数を増やすために，トリプシンなどの酵素処理等により細胞を接着面から剥離し浮遊状態にした上で，あらためてディッシュ等の接着面に低密度で播種しなおす。この操作を継代と呼ぶ。継代により細胞数をさらに増やすことができる。浮遊培養では，培養液を新鮮な培地で希釈することにより継代を行う。

　動物細胞の分裂可能回数は有限であり，通常 30〜50 回程度といわれている。最近の研究では，細胞が分裂するごとに遺伝子末端部のテロメアが短縮するこ

とが関係していると報告されている。いずれにしても動物細胞の分裂回数を把握することは，動物細胞培養プロセスを管理する上で重要である。

　分裂回数の指標として用いられる PDL（ポピュレーションダブリングレベル）は動物個体から分離された段階を 0 とするが，培養開始時点での PDL が不明な場合も多い。そこで培養開始時点および現時点での細胞密度をそれぞれ X_0, X とし，培養による PDL の増加分を $\triangle$ PDL として計算する（**図 1.15**）。

$$\triangle \mathrm{PDL} = \frac{\log\left(\dfrac{X}{X_0}\right)}{\log 2} \tag{1.7}$$

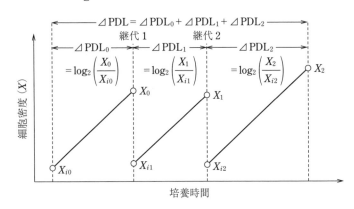

図 1.15　継代培養の例

1.11　培地供給から見た培養形式と物質収支式

　培養プロセスにおける培地供給操作の形式として，培養開始時にすべての培地を培養器に入れて培養終了時に培養液を回収する回分培養（batch culture），培養中連続的に培地を供給し，同量の培養液を連続的に取り出す連続培養（continuous culture）などがある（**図 1.16**）。

　回分培養で，細胞量，基質量（グルコースなど），生産物量（目的タンパク質など）の変化は，培養体積 V 〔ml〕，細胞濃度 X 〔cells/ml〕，基質濃度 S

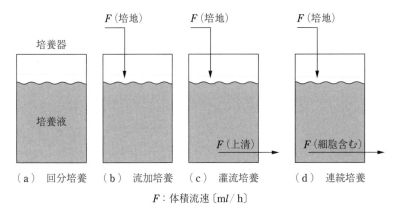

図1.16 培地供給から見た培養形式

〔mg/ml〕，生産物濃度 P〔mg/ml〕とすると

$$\frac{d(VX)}{dt} = \mu VX \tag{1.8}$$

$$\frac{d(VS)}{dt} = -\nu VX \tag{1.9}$$

$$\frac{d(VP)}{dt} = qVX \tag{1.10}$$

である。ここで，μ, ν, q はそれぞれ比増殖速度〔1/h〕，比消費速度〔mg/cell/h〕，比生産速度〔mg/cell/h〕である。回分培養なので培養体積 V が時間にかかわらずに一定とすると

$$\frac{dX}{dt} = \mu X \tag{1.11}$$

$$\frac{dS}{dt} = -\nu X \tag{1.12}$$

$$\frac{dP}{dt} = qX \tag{1.13}$$

となる。これらの式を解くためには，μ, ν, q をあらかじめ求めておくことが必要である。

1.9節で述べたような通常の動物細胞で，細胞播種から定常期に至る培養期

間中に培地交換を行わない場合は，回分培養と考えることができる。動物細胞培養においては，培養中連続的に培地を供給し，同量の培養液を連続的に取り出す際に細胞も流出する場合（浮遊培養）が連続培養に該当する。

　連続培養では，培養液中にある細胞，基質，生産物が連続的に流出するため，流速 F 〔ml/h〕，流入培地中の基質濃度 S_f〔mg/ml〕とすると，物質収支は次式のようになる。

$$\frac{d(VX)}{dt} = \mu VX - FX \tag{1.14}$$

$$\frac{d(VS)}{dt} = FS_f - vVX - FS \tag{1.15}$$

$$\frac{d(VP)}{dt} = qVX - FP \tag{1.16}$$

$D = F/V$ すなわち希釈率を用いて整理すると

$$\frac{dX}{dt} = \mu X - DX \tag{1.17}$$

$$\frac{dS}{dt} = DS_f - vX - DS \tag{1.18}$$

$$\frac{dP}{dt} = qX - DP \tag{1.19}$$

となり，細胞濃度を維持あるいは増大させるためには

$$\mu X - DX \geqq 0 \tag{1.20}$$

$$\mu \geqq D \tag{1.21}$$

である必要がある。すなわち，連続培養できるのは，連続的な培地供給による細胞の希釈を上回る高い速度で増殖できる場合に限られる。また，時間によらず細胞濃度が一定となる状態すなわち定常状態では

$$\mu = D \tag{1.22}$$

となる。

　回分培養と連続培養の中間的なものとして，流加培養（fed-batch culture）と灌流培養（perfusion culture）がある（図 1.16）。流加培養では，培養中に培地を適宜加えて最後に培養液を回収するが，培地を添加することによる浸透

圧変化を考慮する必要がある。

流加培養の物質収支は次式のようになる。

$$\frac{d(VX)}{dt} = \mu VX \tag{1.23}$$

$$\frac{d(VS)}{dt} = FS_f - \nu VX \tag{1.24}$$

$$\frac{d(VP)}{dt} = qVX \tag{1.25}$$

$$\frac{dV}{dt} = F \tag{1.26}$$

連続培養のように細胞を希釈することなく，また流加培養のように浸透圧を変化させることなく培養中に培地を供給する方法が灌流培養である。すなわち，培養中に培養器に新鮮培地を供給するとともに，細胞を含まない培養液上清を培養器から取り出す。

灌流培養の物質収支式は次式のようになる。

$$\frac{d(VX)}{dt} = \mu VX \tag{1.27}$$

$$\frac{d(VS)}{dt} = FS_f - \nu VX - FS \tag{1.28}$$

$$\frac{d(VP)}{dt} = qVX - FP \tag{1.29}$$

3章で述べるが，灌流培養では培養液から細胞を除いて培養上清を得る技術が必要となる。

通常の灌流培養では，培地の供給と培養液上清の取出しは連続的に行われる。実験室で最も一般的に行われている，培養液上清を全量除去してから新鮮培地を加える"培地交換"操作を伴うディッシュ底面での接着培養は，間欠的灌流培養といえる。

第 2 章

培養材料設計

2.1 培 地 設 計

2.1.1　細胞増殖に必要な物質

　細胞の増殖では，細胞を構成する物質を生合成してそれを組み立てることによって新しい細胞を作り出す。それらの生合成にかかわる反応は非常に多種多様であり，それぞれの反応を触媒する酵素が必要である。

　いずれの反応にも原料すなわち反応基質が必要である。これら反応基質は，細胞の外から供給されるものだけでなく，細胞内の他の反応によって生成されるものもあり，中には分解反応によって供給されるものもある。

　細胞の外から供給される基質がどのように変化するかという観点から見て，それらが異なる物質に変化し，細胞外に再び放出されるとともにエネルギーを供給する代謝（異化代謝）と，細胞構成成分に変化し，細胞に組み込まれる代謝（同化代謝）があるといえる。すなわち，細胞の構成成分を作るための要素を供給する同化代謝と，反応に必要なエネルギーを供給する異化代謝に分けられる。

　さらに，細胞が盛んに増殖していなくても細胞が生きた状態を保つためにはある程度のエネルギー獲得反応が必要であり，それらを維持代謝という。

2.1.2　基本合成培地の意義

　動物細胞培養用の培地は，一般には，大きく分けて基本合成培地と血清の二

つの部分からなる。合成培地とは，化学的組成と性質の明らかな栄養素のみを
含む培地である。これに対して血清のように天然成分を用いて作成する培地を
天然培地という。医薬品生産や移植用細胞培養のように高度な安全性が求めら
れる動物細胞培養プロセスでは，品質管理が容易な合成培地は有利である。細
胞増殖に必要な物質を合成培地だけで供給できない場合に，主として増殖因
子，サイトカイン，ホルモンなどの混合物として血清を培地に添加する。

基本合成培地としては種々のものが市販されているが，代表的なものの一つ
である DMEM（ダルベッコ改変イーグル培地）（**表2.1**）を例に挙げて，基
本合成培地組成の意味を説明する。

表2.1　基本合成培地の組成（DMEM）

成分	濃度〔mg/l〕	成分	濃度〔mg/l〕
アミノ酸		無機塩類	
L-Arginine·HCl	84.00	$CaCl_2$(anhyd.)	200.00
L-Cystine·2HCl	63.00	$Fe(NO_3)_3·9H_2O$	0.10
L-Glutamine	584.00	KCl	400.00
Glycine	30.00	$MgSO_4$(anhyd.)	97.67
L-Histidine HCl·H_2O	42.00	NaH_2PO_4	125.00
L-Isoleucine	105.00	NaCl	6 400.00
L-Leucine	105.00	$NaHCO_3$	3 700.00
L-Lysine·HCl	146.00	ビタミン	
L-Methionine	30.00		
L-Phenylalanine	66.00	D-Ca pantothenate	4.00
L-Serine	42.00	Choline Chloride	4.00
L-Threonine	95.00	Folic Acid	4.00
L-Tryptophan	16.00	i-Inositol	7.20
L-Tyrosine·2Na·$2H_2O$	104.00	Niacinamide	4.00
L-Valine	94.00	Riboflavin	0.40
		Thiamine HCl	4.00
		Pyridoxine HCl	4.00
		その他	
		D-Glucose	4 500.00
		Phenol Red	15.00

動物細胞培養用の培地にはエネルギー源と炭素源が必須である。動物細胞で
は一般に，グルコースを基質とする解糖系および TCA サイクル，さらにはグ
ルタミンを基質とする TCA サイクルの二つの代謝により炭素を供給し，同時
にエネルギーを獲得している（**図2.1**）[1]。したがって，DMEM 中にも著量の

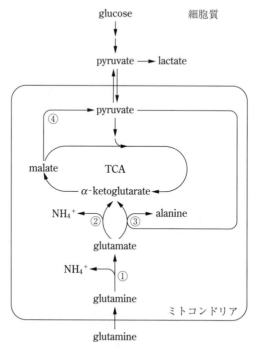

① = glutaminase, ② = glutamate dehydrogenase,
③ = glutamate : pyruvate transaminase, ④ = malic enzyme

図 2.1　動物細胞のエネルギー代謝[1]

グルコースとグルタミンが炭素源およびエネルギー源として含まれている。グルタミンはアミノ基転移反応の基質供給源にもなるため，窒素源としても重要である。

　動物細胞の解糖系では消費されたグルコースのうち半量以上が TCA サイクルを経由せずに乳酸に変換され細胞外に放出される。グルコースが TCA サイクルを経て完全酸化されるとグルコース 1 mol 当り 38 mol の高エネルギー物質 ATP を生成するが，乳酸に変換されるとわずかに 2 mol しか生成しない。したがって，乳酸の生成はエネルギー獲得の観点から好ましくないため，消費されたグルコース量 ΔG（g-glucose）に対する生成された乳酸量 ΔL（g-lactate）の割合である乳酸変換率〔%〕

$$乳酸変換率〔\%〕= \frac{\Delta L}{\Delta G} \times 100 \tag{2.1}$$

は培養解析上，重要なパラメータである。また，乳酸の分泌により培養液 pH が低下する傾向があるので，注意が必要である。

　細胞構成成分であるタンパク質の原料としてのアミノ酸の供給も重要である。特に培養する細胞の由来する動物にとっての必須アミノ酸が培地に含まれないと細胞は増殖できない。またセリンのような非必須アミノ酸でも，細胞自身が合成するよりも培地に添加したほうが，合成する時間とエネルギーが不要となるため，培養が効率的になる場合もある。ビタミンも必要な培地成分である。

　ナトリウム，カリウム，リン，イオウなどの無機塩類も細胞の代謝に必要である。無機イオンのうちマグネシウムとカルシウムは接着タンパク質を介した細胞接着に必須である。浮遊培養などで細胞の接着が不要であったり，細胞凝集を防ぎたい場合はマグネシウムやカルシウムを制限する。接着細胞を剥離する際に用いる PBS（phosphate buffered saline）がマグネシウムやカルシウムを含まないのはこのためである。

　表 2.1 の無機塩のうちで NaCl と $NaHCO_3$ の添加量がほかのものに比べて著しく多い理由を説明する。

　NaCl は培養液の浸透圧調整のために添加される。動物細胞は浸透圧変化に対する感受性が高いため，培養液の浸透圧を生理的浸透圧である約 300 mOsmol/l 付近に調整する必要がある。溶液体積 V〔l〕，溶質モル数 n〔mol〕，絶対温度 T，気体定数 R のときの浸透圧 π〔Osmol/l〕は次式で表される。

$$\pi = \frac{n}{V} \times RT \tag{2.2}$$

　基本合成培地では NaCl 以外の成分と濃度が決定された後に，培地浸透圧を生理的浸透圧に調整するために必要な NaCl 添加濃度が計算され添加される。DMEM の場合はその濃度が 6 400 mg/l である。

　培養中に栄養分が不足すると，微生物培養ではしばしば"流加"が行われ

る。例えば，エネルギー源であるグルコースが枯渇すると，グルコースだけを培養液に追加して添加（流加）する。しかし，動物細胞培養では，浸透圧の変化を伴うため，原則として流加は行えない。例えば，表2.1のDMEM培地の初発濃度と同じグルコース4 500 mg/lを流加すると，浸透圧が約25 mOsmol/lも増大してしまう。

$$\Delta \pi = \frac{4\,500}{180} = 25 \tag{2.3}$$

培地に血清を添加する場合にも注意が必要である。例えば，血清を10%濃度で添加したDMEM培地1 lを作成したい場合，表2.1の組成1 l分の粉末を水に溶解し，血清を加えて1 lにメスアップすると，血清成分の分だけ培地の浸透圧が増大してしまう。血清もほぼ生理的浸透圧になっていると考えられるので，表2.1の濃度のDMEM培地を900 ml作成し，血清を100 ml添加するとよい。

培養液の浸透圧を一定に維持するためには，培養液の蒸発も無視できない。一般的な炭酸ガスインキュベーターの内部は加湿されているが，開放系であるディッシュ内の培養液も蒸発して減少し，浸透圧を上昇させる。どの程度の蒸発があり，どの程度，浸透圧が経時的に上昇しているのかを確認しておくことが望ましい。

培養液のpH調整の目的からNaHCO₃の添加量は決定される。多くの動物細胞培養における培養液のpH調整には，**図2.2**に示す緩衝系が用いられる。培地に溶解したNaHCO₃の培養液中での平衡では，HCO_3^-とH_2CO_3との間の平衡が支配的である。H_2CO_3濃度は気相部から溶解したCO_2の濃度に等しい

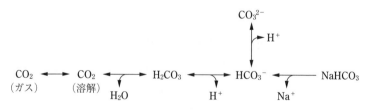

図2.2　NaHCO₃-CO₂ガス緩衝系によるpH調節

ため，平衡定数を Ka_1 とすると

$$Ka_1 = \frac{[H^+][HCO_3^-]}{[CO_2]} \qquad (2.4)$$

$$pH = pKa_1 + \log\left(\frac{[HCO_3^-]}{[CO_2]}\right) \qquad (2.5)$$

であり，培養液に添加した $NaHCO_3$ の濃度を $[NaHCO_3]_t$ とすると

$$[H^+] \leqq \frac{[NaHCO_3]_t}{100} \qquad (2.6)$$

の場合

$$[HCO_3^-] \fallingdotseq [NaHCO_3]_t \qquad (2.7)$$

であるので

$$pH = pKa_1 + \log\left(\frac{[NaHCO_3]_t}{[CO_2]}\right) \qquad (2.8)$$

と考えられる。$[CO_2]$ は培養液への炭酸ガスの溶解度により決まるので，培養液気相部の炭酸ガス濃度（通常5%が多い），気相部の圧力，培養液温度および培養液組成が一定であれば一定値を維持する。そのため，培地への $NaHCO_3$ 添加濃度を決めれば，培養液 pH をほぼ決定することができる。フェノールレッドは pH 指示薬として添加される。

　生成された乳酸の蓄積などにより培養中に pH が変動する場合は，pH センサーと炭酸ガス濃度調節を連動させ pH を一定値にコントロールすることができる。

　以上は5%炭酸ガス存在下で希望の pH になるアール液の場合であるが，大気下で希望の pH になるように $NaHCO_3$ 濃度を低くしたハンクス液や，pH の安定化のために HEPES（N-2-ヒドロキシエチルピペラジン-*N*-2-エタンスルホン酸，37℃で pKa = 7.33）を用いる場合もある。

　動物細胞の増殖や分化は微量の金属やタンパク質の影響を受けやすいので培地作成に用いる水は高純度のものが好ましい。通常の化学実験で用いられる蒸留水や脱イオン水では純度が不十分であり，イオン交換，活性炭吸着，限外沪

過，紫外線殺菌など，複数の処理を組み合わせる必要がある。例えば，ミリポア社の超純水製造装置（ミリQ）で作成した水で多くの動物細胞を培養できるが，装置を適切にメンテナンスしないと水質が経時変化する恐れがある。初代細胞の分化などは特に水質に敏感であるため，動物細胞培養用の市販（例えば，シグマ社）の超純水を用いたほうが無難である。工業規模で大量培養する場合は，超純水の大量供給方法も重要である。

2.1.3 血清の問題点と解決策

血清としては，高価であるがウシ胎仔血清（FCSまたはFBS）が最も細胞増殖促進能に優れている。初乳を飲む前の段階の新生仔ウシ血清（NBS）やそれ以降の仔ウシ血清（CS）でも使用可能な場合もある。

動物細胞培養用培地への血清添加には問題点が多い。血清は天然物であるためロット差が大きく，購入あるいは本格的な培養の前に，実際の細胞や基本合成培地などを用いて培養を行いロットチェックをする必要がある。さらに基本合成培地は通常1 l 当り1 000円以下であるのに対して，血清（FCS）は安いものでも50 000円/l であり，培地に10％濃度で添加すると培地1 l 当り5 000円以上と高価となる。

また，ウシ血清タンパク質はヒトにとっての異種タンパク質であるため，医薬品への混入は許されない。培養上清に含まれる抗体等目的タンパク質を精製する工程において，血清タンパク質を少なくとも ng/ml レベル以下に抑える必要があるが，これは技術的にも困難を伴う。

さらに，1996年に英国でヒトクロイツフェルト・ヤコブ病が報告され，ヒト伝染性海綿状脳症と狂牛病（BSE）に密接なかかわりがある可能性があるとされた。このように動物由来の既知および未知病原体が動物血清を介して培養細胞に感染する危険性が示された。そのため，FCSをはじめとする動物由来製品の医療応用を目的とした細胞培養プロセスにおける使用は，日本においても薬事法により原則禁止されている。

以上の理由から，FCSを使用せずに動物細胞を培養する技術の開発が重要

となっている。現在，提案されている解決策は，① 無血清合成培地の開発と② 動物以外の血清使用に大別される。

　無血清合成培地とは，血清の代わりにホルモン，細胞増殖因子，サイトカイン，細胞接着因子，微量金属などを基本合成培地に添加したものである。これらの添加因子のうちタンパク質やペプチドとしては，動物由来の製品は使用できないので注意が必要である。近年，生糸から絹糸に精製する過程で生じる廃棄物である絹由来タンパク質のセリシン（sericin）が無血清合成培地の一つの成分として有効であると報告された[2]。

　しかし，チャイニーズハムスター卵巣がん細胞（CHO細胞）などの株化細胞用の無血清合成培地は種々開発されているが，初代細胞に適用できるものは少ない。

　移植用細胞（初代細胞）の培養への応用を目的としたものとして，FCSの代わりにヒト血清（骨髄ドナーの血清）を用いたヒト骨髄間葉系幹細胞（MSC）の増殖が報告された。増殖因子である塩基性繊維芽細胞増殖促進因子（FGF2）をヒト血清に添加して用いることにより，FCSを用いた場合と同等の増殖を示し，軟骨への分化能も維持された（**図2.3**）[3]。この方法は病原体感染の問題はないが，ヒト血清供給量が少ないため，自家再生組織培養などの培養に適用が限られる。

　魚類はほ乳類と棲息域や体温が異なるためか，魚類の病原体ウイルスでヒトに感染するものは報告がない。これに注目し，魚類血清による動物細胞培養も検討されている。

　魚血清はポリスチレンディッシュへの細胞接着を通常の条件では阻害することから，ヒト顆粒球マクロファージコロニー刺激因子（hGM-CSF）産生性の組換えCHO細胞 DR1000L4N 株を魚（マダイ，Pagrus major）血清含有 Ham's F12K培地 2.0 ml を用いて 12 ウェル タイプ I コラーゲンコートディッシュ（3.8 cm^2）上で，37℃，5% CO_2 雰囲気下で 5 日間接着培養した。血清不含または FCS 10%含有 Ham's F12K培地とコラーゲンをコートしていない通常の 12 ウェル組織培養用ディッシュ（3.8 cm^2）とを用いても同様に培養した。魚血清培

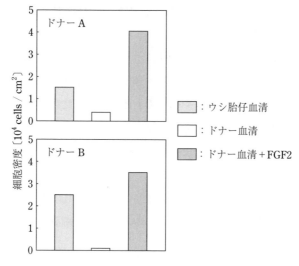

図 2.3　ウシ胎仔血清の代わりにヒト血清を用いた骨髄
　　　　　間葉系幹細胞増殖法

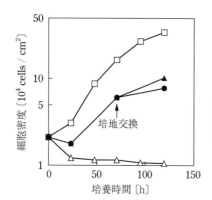

□：10 % FCS 培地 / ポリスチレンディッシュ
△：無血清培地 / ポリスチレンディッシュ
●, ▲：20 % 魚血清培地 / コラーゲンコート
　　ディッシュ（▲：72 h で新鮮培地に交換した）

図 2.4　魚血清を用いた細胞増殖[4]

表 2.2　魚血清で増殖した細胞のタンパク生産性[4]（図 2.4 の
　　　　　培養における hGM-CSF 比生産速度）

培　　地	培地交換	hGM-CSF 比生産速度 $[\times 10^{-7}\text{ng/cells/h}]$
10% FCS	−	1.22±0.02
20%魚血清	−	1.14±0.17
20%魚血清	+	1.13±0.18
無血清	−	0.83±0.56

地で播種した細胞もコラーゲンコートディッシュ底面に接着し，良好な接着効率（91%），増殖速度（平均世代時間 32 時間），hGM-CSF 比生産速度を示した（**図 2.4**，**表 2.2**）[4]。

2.2　担　体　設　計

2.2.1　細胞接着過程

1 章で述べたように，微生物細胞は培養液中に浮遊して増殖することができるが，動物細胞は例外を除くといずれかの面に接着させないと培養できない。動物細胞が接着する面として最も一般的なのはプラスチックディッシュの底面である。動物細胞をプラスチックディッシュと液体培地を用いて培養する場合，細胞播種時を除くと細胞はディッシュ底面に接着している。

　プラスチックディッシュに播種された動物細胞の接着過程を考えてみる（**図2.5**）。播種された細胞は初めは培養液中で浮遊しているが，ディッシュを静置すると，細胞は沈降し，ディッシュ底面に接する。通常の細胞表面は負に荷電しているので，ディッシュ底面を正荷電しておくと，この過程が加速される。通常の動物細胞培養用のプラスチックディッシュがあらかじめプラズマ放電処理されているのはこのためであると考えられる。

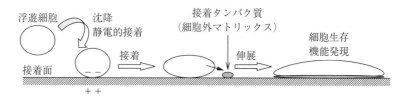

図2.5　動物細胞の接着過程

　この状態では，細胞は底面に接してはいるが，まだ接着はしていない。培地中に含まれていたり，細胞自身が生合成した細胞接着タンパク質が沈降した細胞の周囲のディッシュ底面に吸着し，その細胞接着タンパク質の層の上に細胞

が伸びてゆき（伸展），細胞 1 個当りの細胞とディッシュ底面との接着面積が拡大する。この状態が“接着”であり，細胞播種から接着までの過程に 6〜24 時間程度を要する。この時点でまだ接着しないで浮遊状態にある細胞の多くは死滅する。

　倒立位相差顕微鏡下でこの過程を観察することができる。細胞が接着しているか浮遊しているかは，ディッシュを少し揺らせたときの細胞の動きにより顕微鏡下で判別できる。

　接着後の細胞は細胞種に特有な形態を示すことが多い。**図 2.6** にラット初代肝細胞の播種直後と 1 日後の各細胞形態を示した。播種直後の細胞はほぼ球状であるが，1 日後の接着した肝細胞は伸展した形態を示す。

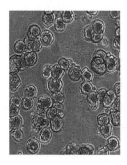 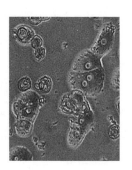

（a）　播種直後　　　　（b）　播種 1 日後

図 2.6　ラット初代肝細胞の形態

2.2.2　細胞接着が細胞に与える影響

　図 2.5 の接着過程においては，接着面の上にある接着タンパク質を接着剤のように利用して細胞が接着している。接着タンパク質は細胞と接着面とを物理的に結合しているだけでなく，細胞の機能を直接に制御していると考えられている。すなわち，接着タンパク質の一部分の活性リガンド部位が，細胞表面にあるリガンドに特異的な受容体に結合することにより，細胞増殖などにかかわる遺伝子発現が活性化される。

　接着タンパク質が二つのリガンド部位（細胞接着リガンド，成長因子リガン

ド）を持っている場合の例を図2.7を用いて説明する。細胞接着リガンドは
細胞表面の受容体（インテグリン）に結合し，細胞内でフォスファチジルイノ
シトールリン酸キナーゼ（PIP kinase）を活性化し，フォスファチジルイノシ
トール2リン酸（PIP_2）を生成する。成長因子リガンドの受容体への結合に
よって活性化したキナーゼにより，フォスフォリパーゼCガンマ（PLCγ）が
活性化され，PLCγによりPIP_2がイノシトールリン酸（IP_3）とジアシルグリ
セロール（DAG）に分解される。これらの二つはそれぞれ細胞内カルシウム
濃度の上昇，プロテインキナーゼC（PKC）の活性化を経て，リン酸化により
特定の転写因子を活性化し，増殖や分化にかかわる遺伝子の発現を促進すると
いうものである[5]。

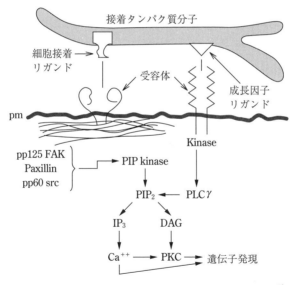

図2.7　接着タンパク質が細胞の遺伝子発現に与える影響[5]

このように接着タンパク質を介した細胞接着は接着依存性動物細胞の増殖や
分化には必須である。そのため動物細胞を培養する場合，どのような物質に細
胞を接着するかが動物細胞の機能や活性を大きく左右する。動物細胞を接着す
る物質には，接着担体，接着材料，接着基質，足場，スキャフォールド

（scaffold）など，さまざまな呼称があるが，本書では接着担体を用いる。

2.2.3　接着担体としての細胞外マトリックス

　動物の体内で細胞は主として隣の細胞と接着して，一定した組織や臓器の形状をつくっている。このように体内で細胞どうしの間隙を充填し，細胞どうしを接着している化合物が細胞外マトリックス（extracellular matrix，ECM）である。このECMは，それ自身が細胞接着タンパク質であり，活性リガンドを含むため，よい接着担体となることが多い。

　ECMのおもな成分は，① 網目骨格を作る繊維性のコラーゲン，② 細胞接着に関係するフィブロネクチンやラミニンなどの糖タンパク質，③ プロテオグリカンなどの複合糖質の3種類である。

　コラーゲンはほ乳類の組織の中で全タンパク質の約25%を占める主要なタンパク質である。コラーゲンはアミノ酸残基の三つ目ごとにグリシンが存在するGly-X-Yの繰り返しからなり，このポリペプチド鎖3本がグリシン残基を中心として3本鎖らせんを形成する（**図2.8**（a））。

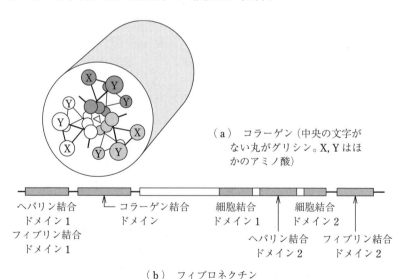

（a）　コラーゲン（中央の文字が
　　　ない丸がグリシン。X, Y はほ
　　　かのアミノ酸）

ヘパリン結合　　　┌─ コラーゲン結合　　細胞結合　　　細胞結合
ドメイン1　　　　　ドメイン　　　　　ドメイン1　　　ドメイン2
フィブリン結合
ドメイン1　　　　　　　　　　　　　　　　　　　　ヘパリン結合　　フィブリン結合
　　　　　　　　　　　　　　　　　　　　　　　ドメイン2　　　　ドメイン2

（b）　フィブロネクチン

図2.8　コラーゲンとフィブロネクチンの基本構造[5]

一口にコラーゲンといっても多くの種類があるが，細胞培養担体として用いられるコラーゲンの多くはブタやウシの皮から酸抽出される酸可溶性のⅠ型コラーゲンである。移植用の細胞の培養に用いる場合は，酵素処理によりペプチド鎖末端の抗原部位を除去したアテロコラーゲンが用いられる。

近年，動物由来病原体の混入の危険性が問題となっていることから，魚由来のコラーゲン（サケ皮コラーゲン）が注目されている。

フィブロネクチンは分子量 220 kD の糖タンパク質であり，細胞接着ドメインだけでなく，コラーゲンやヘパリンなどの他の ECM 分子と結合するドメインも有している（図（b））。

コラーゲンもフィブロネクチンも細胞接着にかかわる代表的な活性リガンド

ケラタン硫酸　コアタンパク質　コンドロイチン硫酸

（a）　アグリカン

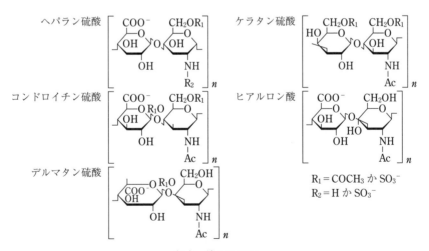

（b）　種々の GAG

図 2.9　アグリカンとグリコサミノグリカン（GAG）の基本構造

であるRGD（アルギニン-グリシン-グルタミン酸）配列を有する。細胞表面にあるECM受容体のうちインテグリンファミリーはαとβサブユニットからなるヘテロダイマーであり，いくつかのインテグリンはRGD配列にも結合する。活性リガンドのインテグリンへの結合によってさまざまなシグナル伝達機構が活性化される。

プロテオグリカンとはコアタンパク質のセリン残基に糖鎖であるグリコサミノグリカン（GAG）鎖が結合した構造を有する分子の総称であり，アグリカン（図2.9（a）），シンデカンなどがある。

GAG鎖（図（b））には，コンドロイチン硫酸，ケラタン硫酸，ヒアルロン酸などがあり，いずれも2糖の繰返し構造からなる親水性分子である。GAGの2糖は硫酸基やカルボキシル基などの負電荷を多数もつため，プロテオグリカンは多量の水を含むゲル状の物性を示し，組織の弾性や粘性に大きく貢献する。

2.2.4　接着担体としての人工高分子や天然高分子

ECMは細胞接着のための活性リガンドを有しているが，接着担体に必要な成形性の点では人工高分子（図2.10）やECM以外の天然高分子が一般にすぐれている[6]。動物細胞培養に最も一般的に用いられている接着担体であるプラスチックディッシュやTフラスコはポリスチレンでできている。また，後述

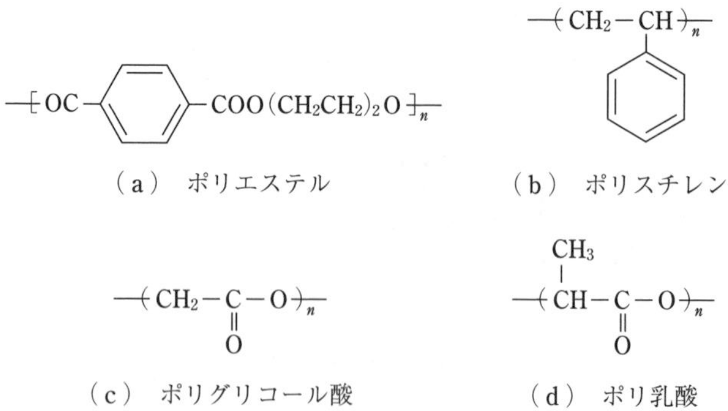

（a）　ポリエステル　　　　　（b）　ポリスチレン

（c）　ポリグリコール酸　　　（d）　ポリ乳酸

図2.10　接着担体に用いられる人工高分子の例

する不織布担体などにはポリエステルが用いられている。

　生体内に移植した材料が酵素的であれ非酵素的であれ一定期間後に低分子化して消失するような高分子を生体吸収性高分子という。動物細胞を3次元的に培養したものを移植する場合，ポリグリコール酸やポリ乳酸およびこれらの共重合体（PLGA）などの生体吸収性高分子を接着担体として用いると，体内で加水分解され消失する。

　動物体内には存在しない天然高分子であるセルロースやアルギン酸，デキストランなども，親水性，ゲル化しやすいなどのため，接着担体として有用である。

2.2.5　接着担体の化学修飾

　ECM，人工高分子，天然高分子のいずれにおいても，化学修飾により材料の性質を改善してから，接着担体として用いたほうがよい場合が多い。化学修飾には，親水化，架橋およびタンパク質結合の3種類がある。

　動物細胞の接着のためには接着担体は親水性のほうが望ましいが，人工高分子の多くは疎水性であるため，親水化処理が必要となる。材料表面への水酸基，カルボキシル基などの官能基導入による親水化処理の方法には，薬品処理，コロナ放電処理，プラズマ放電処理，グラフト重合法，ポリマー被覆などがあるが，プラズマ放電処理が最も一般的である。

　特定の気体を少量含む高真空下に処理材料を置き，周囲のコイルに高周波電流を流すとプラズマが発生する。プラズマのエネルギーにより，材料表面と気体成分との結合反応が発生する。市販の細胞培養用プラスチックディッシュも，空気存在下，ポリスチレンディッシュにプラズマ放電処理が施されている。

　疎水性ポリプロピレン中空糸膜（外径 $300\,\mu m$）に細胞はほとんど接着できないが，中空糸膜をアンモニアガス（$0.05\,mmHg$）存在下，5分間プラズマ放電処理（$13.56\,MHz$，$30\,W$）すると高密度（$1.2\times10^5\,cells/cm^2$）に大動脈内皮細胞が接着した（**図 2.11**）[7]。中でも，プラズマ放電処理条件としては NH_3 ガス（$0.05\,mmHg$），5分が細胞密度の点で優れていた（**図 2.12**）。

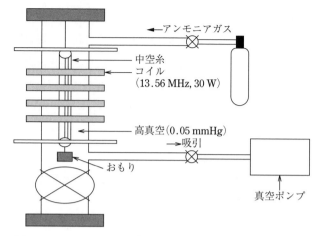

図 2.11　アンモニアガス存在下での中空糸のプラズマ放電処理

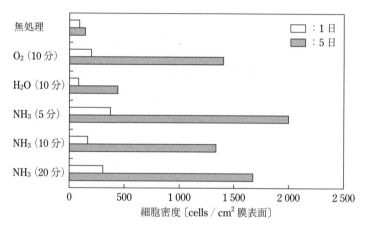

ディッシュ底面に静置した中空糸に細胞を播種し，1 および 5 日後に
中空糸表面積当りの接着細胞密度を測定した。

図 2.12　細胞接着細胞密度に与えるプラズマ放電処理条件の影響

　ECM や天然高分子は一般に親水性であるが強度は低い。また，デンプン，
ヒアルロン酸などは水溶性であるため，接着担体として用いるためには水不溶
化が必要である。これらの場合に高分子の架橋が有効である。中でもタンパク
質の架橋方法は種々考案されており，**図 2.13** にカルボニルジイミダゾール
（CDI）による架橋方法を例示した。

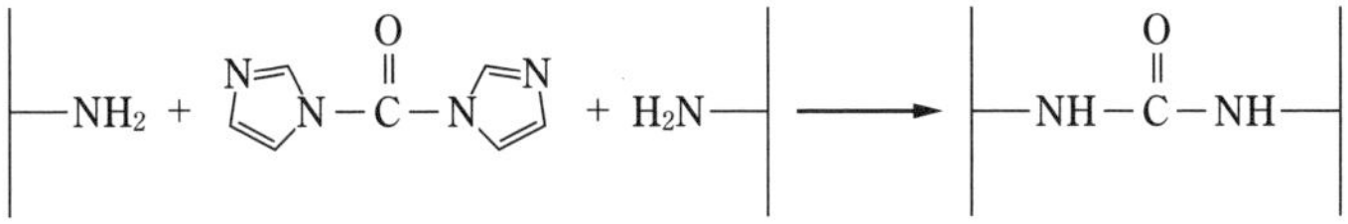

（a） カルボニルジイミダゾール（CDI）によるタンパク質の架橋

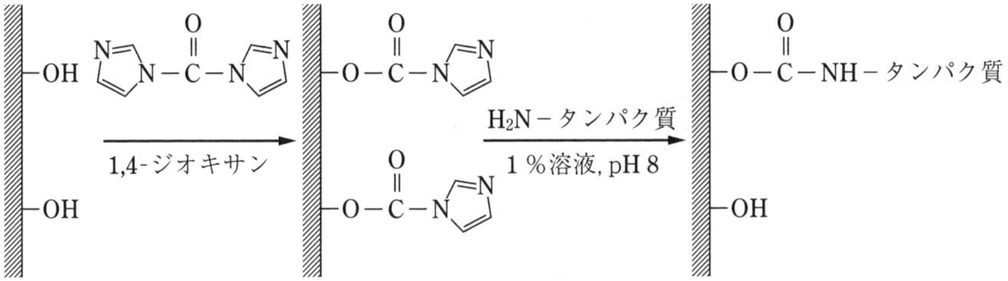

（b） CDI による材料表面へのタンパク質の共有結合

図 2.13 タンパク質の架橋および材料表面へのタンパク質結合

　人工高分子は一般に成形性にすぐれ強度もあるが，接着タンパク質のように
は活性リガンドをもたない。そのためポリスチレンディッシュに播種した細胞
が接着するには，細胞自身が合成したり，培地に含有される接着タンパク質の
助けが必要であり，時間も要する。人工高分子に任意の活性リガンドを結合で
きれば，細胞接着が加速され，接着強度が上がるだけでなく，接着担体に特異
的な機能を付加することもできる。

　接着担体へタンパク質を結合する方法には種々あるが，例として，接着担体
表面にある水酸基と CDI を利用したタンパク質の共有結合法を図 2.13 に示し
た。これによると強力な接着タンパク質フィブロネクチンを人工高分子に結合
することも可能である[8]。

　前述の疎水性ポリプロピレン中空糸膜にエチレンビニルアルコール共重合体
（EVAL）をコーティングした後，この方法によりフィブロネクチンを共有結合
し，細胞を播種したところ，非常に高密度に内皮細胞が接着した。この細胞接
着の強度を測定するために，**図 2.14** に示す装置を用いて接着した細胞に層流
を一定時間負荷し，残存する細胞密度を測定した。その際のせん断力 τ
〔dyne/cm^2〕は，液体粘度 μ〔kg/m/s〕，液体流速 Q〔m^3/s〕，流路高さ d
〔m〕，流路幅 w〔m〕を用いて式（2.9）で表わされる。

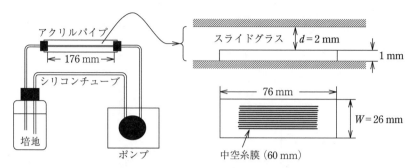

スライドグラスに固定した中空糸膜に細胞を接着したあと，細い流路に挿入し，
培地を循環して細胞にせん断力を負荷する。

図2.14　細胞の接着強度の測定装置

$$\tau = \frac{6\mu Q}{d^2 w} \tag{2.9}$$

　その結果，フィブロネクチンを単に吸着させた面に細胞を接着した場合は，
せん断力を負荷して30分後には約半数の細胞が剥離したが，フィブロネクチ
ンを共有結合した面に接着した細胞はせん断力を3時間負荷してもほとんど剥
離しなかった（**図2.15**）。

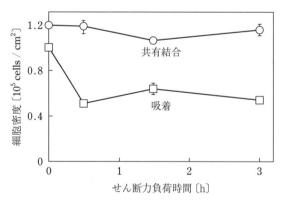

フィブロネクチンを吸着した膜と共有結合した膜にそれ
ぞれ細胞を接着し，せん断力（11.5 dyne/cm²）を付加し
た後に残存する接着細胞密度を測定した。

図2.15　細胞接着の強度測定結果

2.2.6 接着担体表面への糖リガンドの提示

細胞膜表面の受容体に結合し，細胞活性に影響する活性リガンドとしてはタンパク質以外に糖もある。接着担体表面に糖を提示する方法にはデンドリマー法と人工糖脂質法がある。

ポリアミドアミン（PAMAM）デンドリマーは三つのアミノ基を持つトリスアミノエチルアミンをコアとする。コア部分を接着担体表面に固定化し，つぎにトリスアミノエチルアミンとの間にアミド結合を形成させ，第一世代のデンドリマーを構築する。さらにそれぞれのアミノ基に2個のトリスアミノエチルアミンを結合させ，その反応を繰り返すことにより樹木状のポリマーが接着担体表面上に形成し，最後に指数関数的に増加させた末端のアミノ基に活性リガンドとなる糖を結合する[9]。

人工脂質に糖鎖やペプチドあるいはタンパク質などの活性リガンドを導入し，任意の形状を持った疎水性接着担体の表面へ人工脂質部分を疎水性吸着させることにより，さまざまな活性リガンドを提示することができる。糖を人工

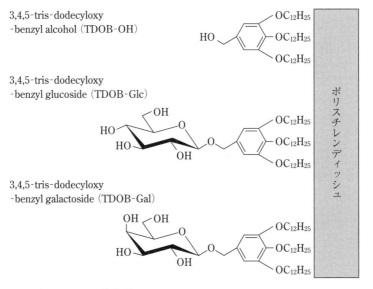

図 2.16 人工糖脂質のポリスチレンディッシュへのコーティング

脂質に結合した人工糖脂質（TDOB-糖）をポリスチレンディッシュ上に提示して（**図2.16**），初代ラット肝細胞を培養したところ，ガラクトースがアンモニア消費活性を特異的に賦活化し（**図2.17**），グルコースおよびガラクトースが糖新生活性を増大させた（**図2.18**）[10]。

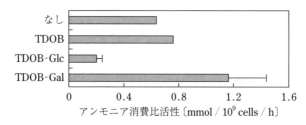

図**2.17**　糖脂質をコーティングした面に接着した
肝細胞のアンモニア消費活性

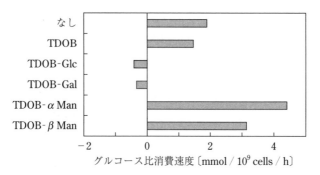

図**2.18**　糖脂質をコーティングした面に接着した
肝細胞のグルコース消費活性

2.2.7　接着担体の形状

細胞培養を工学的に考えるとき，培養液（あるいは培養装置）体積当りの細胞濃度は重要な評価基準の一つである。接着依存性細胞の細胞総数 N〔cells〕は細胞密度 X〔cells/cm^2〕と接着担体の総表面積 A〔cm^2〕との積であるので

$$N = X \times A \tag{2.10}$$

培養液体積を V〔cm^3〕とすると，細胞濃度 X_c〔cells/cm^3〕は培養液体積当りの接着担体表面積 A/V〔cm^{-1}〕に比例する。

$$X_c = \frac{N}{V} = X \times \frac{A}{V} \tag{2.11}$$

したがって，培養条件が一定で接着担体表面積当りの細胞密度 X が一定であれば，細胞濃度 X_c は A/V に比例する。このため培養の経済性を考えるとき，A/V を大きくする接着担体が望ましい。

最も一般的な培養器であるプラスチックディッシュ（底面積 55 cm²）の場合に培地量を 10 m*l* とすると，A/V = 5.5〔cm⁻¹〕である。

ディッシュの形状を相似にスケールアップすると A/V は顕著に減少する。そこで大きな V に対しても A/V を高く保つ方法として考案されたのがマイクロキャリアと呼ばれる接着担体である。直径 0.1 mm 程度の球状の接着担体（マイクロキャリア）表面に動物細胞を接着し（**図 2.19**），細胞が接着したマイクロキャリアを多数，培養液中に懸濁して培養する方法である。

 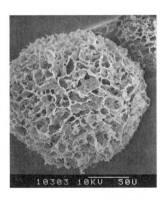

（a）　CHO 細胞が接着した　　　（b）　セルロース製多孔性
　　　Cytodex 1™　　　　　　　　　　　マイクロキャリア

図 2.19　マイクロキャリア

動物細胞が接着しやすいように，例えばファルマシア社の Cytodex 1™ や Cytodex 3™ ではマイクロキャリア表面に正荷電やコラーゲンコートが用いられている（**図 2.20**）。Cytodex 1™ を培養液単位体積当り 9 g/*l* の濃度で懸濁して用いると，S/V = 54〔cm⁻¹〕となる。

培養液体積当りの接着担体表面積 A/V〔cm⁻¹〕をマイクロキャリア以上に

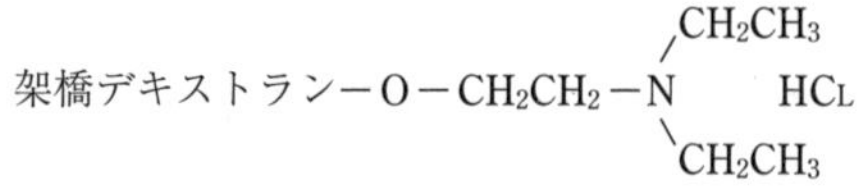

$$\text{架橋デキストラン} - \text{O} - \text{CH}_2\text{CH}_2 - \text{N} \overset{\displaystyle \text{CH}_2\text{CH}_3}{\underset{\displaystyle \text{CH}_2\text{CH}_3}{}} \quad \text{HC}_L$$

（a）　Cytodex 1™

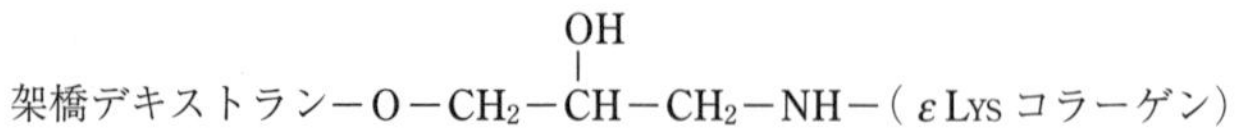

$$\text{架橋デキストラン} - \text{O} - \text{CH}_2 - \overset{\displaystyle \text{OH}}{\underset{\displaystyle |}{\text{CH}}} - \text{CH}_2 - \text{NH} - (\varepsilon \text{Lys コラーゲン})$$

（b）　Cytodex 3™

図 2.20　マイクロキャリア表面の化学組成

増大させる方法には，多孔性担体の利用がある（**表 2.3**）。例えば，内径約 10 μm の貫通孔を多数有するセルロース製マイクロキャリアがある（図 2.19）。ほかにポリビニルフォルマル樹脂製やポリウレタン製の発泡体，ポリエステル不織布などが多孔性担体として利用可能である。

表 2.3　代表的な動物細胞培養用担体

分　類	商品名	メーカー	材　質	特　徴
表面型マイクロキャリア	Cytodex 1	ファルマシア	DEAE デキストラン	粒子径 200 μm 比重 1.03
	Cytodex 3	ファルマシア	コラーゲンコートデキストラン	粒子径 200 μm 比重 1.04
	Plastic	ポール	架橋ポリスチレン	粒子径 125 ～ 212 μm 比重 1.022 ～ 1.030
多孔性マイクロキャリア	Cytopore	ファルマシア	DEAE セルロース	粒子径 200 μm 細孔径 約 100 μm
	Micro-cube	バイオマテリアル	セルロース	細孔径 約 200 μm
	Cultispher G	パーセルバイオリティカ	ゼラチン	粒子径 200 μm
	Fibra-cel	ニューブランズウィック	ポリエステル	不織布
中空糸膜	Cultureflo	旭メディカル	ポリスチレン	$2.0\,\text{m}^2/6\,600$ 本

通常のマイクロキャリア培養で得られる細胞濃度は 10^6 cells/ml 程度だが，多孔性マイクロキャリアを利用すると 10^7 cells/ml が可能になる。

　多孔性担体の内孔に接着した動物細胞は，培養液本体の流れによるせん断力

を避けることができる。しかも，貫通孔であれば内部でも対流による物質移動が確保できる。

　接着担体の形状としては中空糸膜も用いられる。中空糸膜とは膜を丸めたような中空の円筒状をした糸の総称であり，材質（再生セルロース，ポリアクリロニトリル，ポリスルフォンなど）も沪過膜としての機能（精密沪過膜，限外沪過膜，透析膜）も種々ある。多数の中空糸膜を束ねてモジュール化して使用することが可能であり，平膜に比べて沪過器体積当りの膜面積が大きいのが特徴である（**図2.21**）。

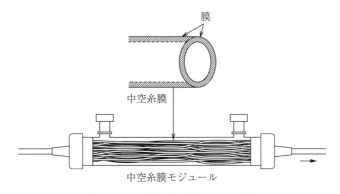

膜

中空糸膜

中空糸膜モジュール

図2.21　中空糸膜モジュールの構造

　動物細胞の接着培養用中空糸膜としては，ポリスチレン中空糸膜の表面にジエチルアミンを付加したものを例として挙げることができる。中空糸膜モジュール内部の液量が2 mlと小さいものでも，中空糸膜150本，膜面積160 cm^{2}を有し，$A/V = 80$〔cm^{-1}〕に達する。

　中空糸膜の外側あるいは内側表面に動物細胞を接着し，反対側においた液体培地との間の膜を介した物質移動を利用し，細胞に液流によるせん断力を与えずに栄養物を供給できるのも，動物細胞接着担体としての中空糸膜の利点である。

　培養液体積当りの接着担体表面積A/V〔cm^{-1}〕に関しては，3章のリアクターのところでも述べる。

第3章

大量培養技術

3.1 大量培養器の形式

移植用培養やハイブリッド型人工臓器構築および医薬品生産を目的とした多くの培養で，接着依存性細胞は，ディッシュやTフラスコ以外の種々の大量培養器で培養される（**図3.1**）。

初期の大量培養にはローラーボトルが多用された（図（a））。ボトルが回転するに応じて，ボトル内表面に接着した細胞は培養液および気相中の酸素と交互に接触する。しかし，培養器1個当りに使用可能な細胞接着面積は低く，効率がいいとはいえない。例えば，標準的なローラーボトル（内容積2 300 ml，接着面積850 cm^2）で培養できる細胞は8×10^7個程度である。また，個々のボトルにより培養環境のばらつきが生じる可能性があり，培養をモニタリングして培養環境を制御するには不向きである。

1個のプラスチック培養器当りの接着面積を増大したものとしてディッシュを何段も重ねたような構造のセルファクトリー™（10段で6 300 cm^{2}以上可能）がある（図（b））。図には5段重ねのものを示したが，すべての段の培養液は共通の口から出し入れできる。

培養器1個当りの接着面積は大きくはないが，酸素透過性の材料からなるプラスチックバッグは，密閉して使用できる（図（d））。プラスチックバッグはこれまで振盪機の上において振盪培養する方式しかなかったが，最近，プラスチックバッグ製の撹拌培養槽の市販も開始された。この場合，撹拌翼はマグ

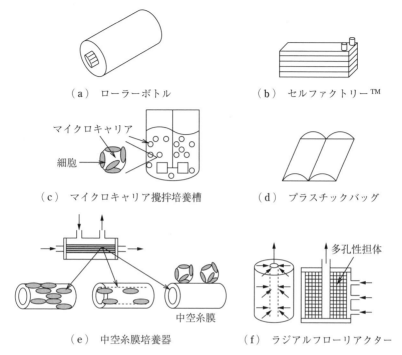

（a） ローラーボトル

（b） セルファクトリー™

（c） マイクロキャリア撹拌培養槽

（d） プラスチックバッグ

（e） 中空糸膜培養器

（f） ラジアルフローリアクター

図3.1 動物細胞大量培養用の培養器

ネットで駆動され，培養途中の薬液添加も可能である。ここまでの培養器はすべて使い捨て可能である。

　培養体積に対する接着面積の向上のために，マイクロキャリア法が開発されている（2章参照）。表面に荷電を有するデキストランマイクロキャリア（Cytodex 1™）5 g/l を撹拌培養槽中の培養液に懸濁し，5×10^6 cells/ml 以上の細胞密度が達成されている（図（c））。さらなる高細胞密度や組織構築のためには多孔性マイクロキャリアが有効である。

　撹拌培養槽を用いたマイクロキャリア法培養ではマイクロキャリア外表面に接着した細胞にせん断力が負荷されやすく，細胞剥離の原因になる恐れがある。この問題を解決する一つの方法が中空糸膜モジュールを使用した培養である（図（e））。

　中空糸膜の内側あるいは外側に細胞が充填され，他方を培養液が循環する中

空糸膜モジュール培養器では，細胞が培養液の流れから膜を介して隔離されているため，細胞にはほとんどせん断力を負荷せずに，高密度の細胞に効果的に栄養分を供給することができる。

　細胞を接着した多孔性担体を充填すると生体内部に近い高細胞密度が得られるが，栄養分供給のために培養液の流れを必要とする。固定化微生物培養などに用いられるように，細胞を接着した多孔性担体をカラムに充填し，カラムの長さ方向に培養液を流すと，カラムの入り口と出口との間での栄養分の濃度勾配によりカラム出口での栄養分の枯渇を生じやすい。

　多孔性担体を用いた充填層型高密度培養におけるこのような物質移動問題の一つの解決手段としてラジアルフローリアクターがある（図（f））。これはドーナツ状に充填した細胞接着多孔性担体に対して外周側から中心部に向けて培養液を流すもので，単位細胞当りに供給される栄養分や溶存酸素量の外周部と中心部との間での差異を低減化できる。

3.2　せん断力と攪拌培養槽

　接着依存性細胞のマイクロキャリア培養や浮遊細胞では攪拌培養槽（図3.1（c））を使用できる。しかし，動物細胞には細胞壁がなく，液流により生じるせん断力により損傷を受けやすい上，マイクロキャリア培養や中空糸膜培養器ではせん断力により接着細胞が剥離しやすい。このため，せん断力を低く抑えて培養液を攪拌あるいは循環することと，溶存酸素供給を両立させる必要がある。

　攪拌回転数を N〔rpm〕，槽径を D_t〔cm〕，攪拌翼径を D_i〔cm〕とすると，次式で示されるせん断係数が

$$せん断係数 = \frac{2\pi N D_i}{D_t - D_i} \tag{3.1}$$

細胞のマイクロキャリアへの接着には40以下である必要があるが，接着後の増殖や浮遊細胞の培養には80まで許容されるとの報告がある。

　培養槽内の攪拌には，水平方向の水平流や放射流だけでなく垂直方向の上下
還流や軸流を，低いせん断力で起こすことが必要である。そのため攪拌翼とし
ては，傾斜タービン翼やプロペラ翼が多用されるが，4枚の柔らかい布を帆の
ように架けた特殊な羽根も報告されている（**図3.2**）。

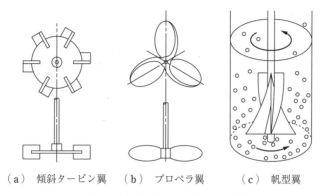

（a）　傾斜タービン翼　　（b）　プロペラ翼　　　（c）　帆型翼

図3.2　動物細胞攪拌培養用の攪拌翼

　攪拌速度設計の目安としては微生物培養の場合の10分の1程度とし，細胞
の機械的損傷を防ぐためには，駆動部（モーター部）が培養槽上部にある上部
攪拌が適している。駆動部と攪拌軸との結合には，メカニカルシール方式と密
封性にすぐれたマグネットドライブ方式がある。また，細胞への損傷を防ぐた
め，振動発生は極力避け，邪魔板（バッフル）も設置しない。動物細胞は金属
の影響を受けやすいことから，槽材質としては溶出の少ないSUS316Lが用い
られることが多い。

3.3　培地交換と浮遊攪拌培養

　培養液中の栄養分の枯渇を防ぐために微生物培養で通常用いられる流加操作
は，動物細胞培養では培養液の浸透圧を増大させ細胞に損傷を与えるため用い
られない。そのため，栄養分の枯渇に対しては，培養液全体を新鮮培地に置換
する"培地交換"が通常行われる。ただし，過度に培地交換を行うと，細胞自

身が蓄積した増殖因子を希釈してしまうので，注意が必要である。この培地交換に際して使用済みの培養液上清のみを培養槽内から取り出すために，培養液上清と細胞との分離操作が必要となる。

マイクロキャリア培養の場合には比重 1.03 程度のマイクロキャリアに細胞が接着しているため，沈降分離が採用できるほか，培養槽内に設置された金属製メッシュなどによる沪過も容易であるが，浮遊培養の場合には細胞と上清との分離が困難である。

特殊な密閉型の連続遠心分離機（Sorvall 社製 Centritech™）を用いて培養中に細胞と培養液上清を無菌的かつ連続して分離する方法が開発されている（**図 3.3**（a））。培養液処理速度は最大 100 *l*/h 程度である。

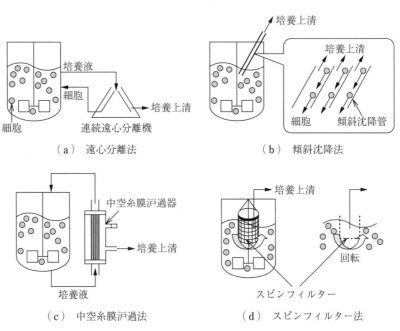

（a）遠心分離法　　　（b）傾斜沈降法

（c）中空糸膜沪過法　　（d）スピンフィルター法

図 3.3　動物細胞攪拌培養における培地交換方法

ティッシュプラスミノーゲンアクティベータ（tPA）産生性組換え CHO 細胞の浮遊培養液を低速（$67 \times G$）で遠心分離し，沈殿する細胞と上清に残った細胞をそれぞれ培養すると，比増殖速度 μ〔1/h〕には有意な差が認められな

いが，グルコース比消費速度，グルタミン比消費速度，乳酸比生成速度，アン
モニア比生成速度，tPA比生成速度はいずれも沈殿した細胞のほうが高かった
（**図3.4**）。沈殿する細胞と沈殿しなかった細胞を直接調べると，沈殿する細
胞のほうがサイズが大きく，必須アミノ酸，非必須アミノ酸のいずれの細胞内
含量も高かった（**図3.5**）。このように，遠心速度を比較的低く設定すること

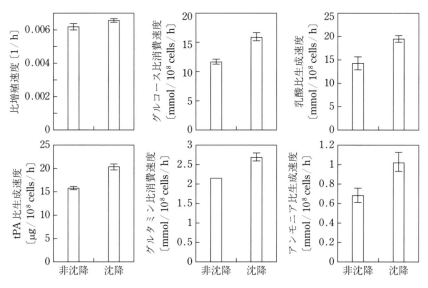

図3.4　低速遠心による沈降細胞と非沈降細胞の活性

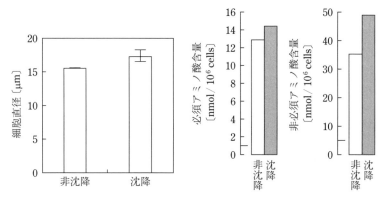

図3.5　低速遠心による沈降細胞と非沈降細胞の性状

により，代謝活性の高い細胞を選択的に培養槽内に保持できる[1]。

　沈降分離法の一種として，培養液上部に接して設置された傾斜した管（傾斜沈降管）を通して培養液を低速度で引き抜き，培養液上清が培養系外へ除去される一方で，細胞は沈降管内で沈降し，培養槽内へ戻る傾斜沈降法がある（図3.3（b））。

　通常の浮遊細胞は沈降しにくいため，浮遊細胞を凝集させて沈降を容易にする試みもされている。すなわち，ゼラチンを共有結合（図2.13（b）参照）したデンプン微小粒子（直径約10 μm）をティッシュプラスミノーゲンアクティベータ（tPA）産生性CHO細胞浮遊培養に添加することにより，直径100～300 μmの細胞凝集体を形成でき，細胞沈降に要する時間をおよそ30分の1に短縮できた。一方，修飾デンプンの添加は細胞代謝やtPA生産にはほとんど影響しなかった[2]。

　培養槽外に設置した中空糸膜モジュール（沪過器）に培養液を循環して沪過する中空糸膜沪過法では（図3.3（c）），培養液を培養槽外に出すことに起因する雑菌汚染の可能性，中空糸膜内を流れる際に細胞が受けるせん断力，膜のつまりなどが問題となる。この膜のつまりに関しては，培養液の循環方向を適宜逆にして防ぐ方法が近年開発されている。

　これらの問題を緩和する沪過方式として，培養槽内の撹拌軸に結合され，回転する金属メッシュ製の円筒形フィルターを介して，フィルター内側に透過した培養液上清を培養槽外へペリスタポンプなどで除去するスピンフィルター法がある（図3.3（d））。

3.4　溶存酸素制御

3.4.1　溶存酸素制御の重要性

　動物細胞を培養するために外部から供給する必要のある栄養の大部分は，培地中にあらかじめ溶解しておくだけで少なくとも培養数日間は不足しない。動物細胞は好気代謝を行うため生存には酸素を要求する。そのために酸素も重要

な栄養であるが，酸素だけは培地にあらかじめ溶解しておくだけでは不十分である。

動物細胞の酸素比消費速度 q_{O2} はおよそ $0.05 \sim 1$ mmol/10^9 cells/h であるので，培養液中の細胞濃度 X を 1×10^6 cells/ml，すなわち，1×10^9 cells/l とすると，溶存酸素消費速度 OUR（oxygen uptake rate）〔mmol/l/h〕は最大で

$$OUR = q_{O2} \times X = 1 \, \text{〔mmol}/l/\text{h〕} \tag{3.2}$$

となる。これに対して，純水に対する酸素溶解度 C^* は気相部が大気の場合，大気圧下で約 0.2 mmol/l である。したがって，飽和濃度の溶存酸素を含む培養液で培養できる時間は

$$\text{培養できる時間} = \frac{C^*}{OUR} = 12 \, \text{〔min〕} \tag{3.3}$$

となる。

したがって，培養中に絶えず酸素を培養液に溶解し続ける必要がある。そのため，培養プロセスにおいて溶存酸素供給は重要である。

3.4.2　培養に適した溶存酸素濃度

動物細胞培養において溶存酸素（DO：dissolved oxygen）は枯渇を防ぐだけでなく，適した濃度に保つのが望ましい。低い DO 濃度では増殖が遅く乳酸蓄積が多く，逆に DO 濃度が高すぎると毒性を示し，最適 DO 濃度は大気下の飽和濃度と比べて $3 \sim 20\%$ 飽和あるいは $15 \sim 100\%$ 飽和など種々の例がある。

ヒト胎児肺正常繊維芽細胞のマイクロキャリア攪拌培養における細胞増殖には $30 \sim 60\%$ 飽和の DO が適していた（**図 3.6**）。この細胞増殖の後にティッシュープラスミノーゲンアクティベータ（tPA）生産用の培地に交換して行う tPA 生産培養では，一定期間 τ〔h〕細胞密度がほぼ一定に維持された後，細胞は死滅により減少し始める。tPA 生産培養では，細胞の死滅速度 k_d が小さく tPA 比生成速度が大きい $20 \sim 30\%$ 飽和の DO が適していた（**図 3.7**）[3]。

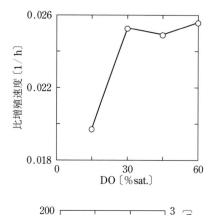

図 3.6 溶存酸素（DO）濃度が細胞増殖に与える影響（ヒト胎児肺正常繊維芽細胞のマイクロキャリア攪拌培養）

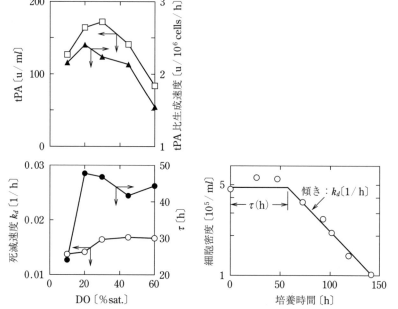

図 3.7 溶存酸素（DO）濃度がタンパク質生産に与える影響（ヒト胎児肺正常繊維芽細胞のマイクロキャリア攪拌培養）

3.4.3 溶存酸素濃度の計測

滴下水銀電極法などによって溶存酸素濃度の絶対値を測定することは非常に複雑である上に無菌的測定が困難であるため，ガルバニ型隔膜電極（エイブル

社製など）（**図3.8**（a））を用いて溶存酸素の分圧を測定する。すなわち，テフロン隔膜を透過した酸素ガスが，カソード（白金電極）表面で白金と反応し，アノード（鉛電極）との間に起電力を生じる（式（3.4）〜（3.6））。この電圧を測定することにより酸素分圧を定量する。

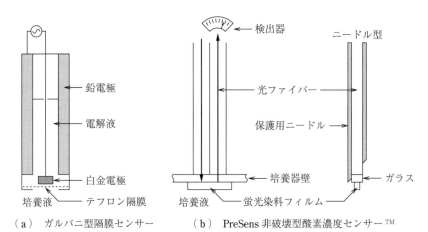

（a） ガルバニ型隔膜センサー 　　　（b） PreSens 非破壊型酸素濃度センサー™

図3.8 溶存酸素濃度センサー

カソード：白金

$$O_2 + 2H_2O + 4e^- \rightarrow 4OH^- \tag{3.4}$$

アノード：鉛

$$2Pb \rightarrow 2Pb^{2+} + 4e^- \tag{3.5}$$

$$2Pb^{2+} + 4OH^- \rightarrow 2Pb(OH)_2 \tag{3.6}$$

隔膜の酸素透過速度は，種々の条件，特に温度により大きく影響されるので，校正溶液の温度は培養温度と同じである必要がある。また，市販の隔膜溶存酸素電極には式（3.7），（3.8）で示されるムダ時間（数秒）および1次遅れ（時定数 100 s など）があるので応答速度の限界があることに注意する必要がある。

$$\frac{e_m - e(t)}{e_m} = 1 \quad (t < \tau) \tag{3.7}$$

$$= \exp[-k(t-\tau)] \quad (t \geqq \tau) \tag{3.8}$$

e_m：隔膜電極の定常出力〔mA〕

$e(t)$：隔膜電極の過渡出力〔mA〕

t ：測定時間〔s〕

τ ：ムダ時間〔s〕

k ：1次遅れ定数〔s^{-1}〕

　通常は気相が空気の場合の飽和値に対する割合〔%〕により溶存酸素濃度の指標とするが，式 (3.9)，(3.10) で計算できる培養液に対する酸素の溶解度とヘンリーの法則を用いて絶対値に換算することも可能である。培養液への酸素溶解度はイオン濃度やタンパク濃度により異なるが，最少必須培地（MEM）への酸素溶解度は式 (3.9)，(3.10) により純水の約92%と求まる。

$$\log\left(\frac{C_0{}^*}{C^*}\right) = \Sigma\,(H_i \times I_i) \tag{3.9}$$

$$I_i = \frac{C_i \times Z_i^2}{2} \tag{3.10}$$

$C_0{}^*$：純水への酸素溶解度〔mmol/l〕

C^*：培地への酸素溶解度〔mmol/l〕

H_i ：イオン種に特異的な酸素塩析定数〔l/g-ion〕

I_i ：イオン強度〔g-ion/l〕

C_i ：i 番目のイオンの濃度〔g-ion/l〕

Z_i ：i 番目のイオンの電荷

　近年，非接触式で溶存酸素濃度絶対値を測定できるセンサー（PreSens 非破壊型酸素濃度センサー™）が開発された。ここでは，蛍光染料フィルムから酸素に感応して発せられる蛍光のエネルギーを測定するという原理を採用している。例えば，ガラス製や透明なプラスチック製の培養器の内面に蛍光染料フィルムを取り付けておき，外部から照射する光に応じて発生する蛍光を測定する（図3.8（b））。先端部に蛍光染料フィルムが取り付けられた，外径140μm の細いニードル内に保護された非常に細いセンサーもあり，培養ゲルなどに挿入して内部の溶存酸素濃度を測定することもできる。

3.4.4　溶存酸素供給の速度論

前述のように，適切な DO 濃度を維持することは，培養全般に重要な課題である。

気相中の酸素濃度に平衡な飽和 DO 濃度 C^*〔mmol/l〕と培養液中の DO 濃度 C〔mmol/l〕の差（C^*-C）に比例する速度 No で気相中から培養液中へと酸素は溶解する。その際の比例係数としては液境膜酸素移動係数 k_L〔m/h〕と単位培養液体積当りの気液界面積 a〔m^2/m^3〕との積である酸素移動容量係数 $k_L a$〔1/h〕を用いる。

$$No = k_L a \times (C^*-C) \tag{3.11}$$

培養液中では，酸素溶解速度 No で溶存酸素が溶解する一方で，溶存酸素消費速度 OUR で溶存酸素は消費される。したがって，培養液中での DO 濃度の時間変化 dC/dt〔mmol/l/h〕は次式で与えられる。

$$\frac{dC}{dt} = No - OUR$$
$$= k_L a \times (C^*-C) - OUR \tag{3.12}$$

培養中は少なくとも DO 濃度を正に保つ必要があるため，dC/dt を正に，すなわち酸素溶解速度 No〔mmol/l/h〕を，細胞による溶存酸素消費速度 OUR〔mmol/l/h〕以上に維持する必要がある。

$$No \geqq OUR \tag{3.13}$$

いいかえると，目的とする培養系の最大 OUR 以上の No を得るための $k_L a$ が撹拌培養槽に必要となる。

$$k_L a \geqq \frac{OUR}{C^*-C} \tag{3.14}$$

3.4.5　酸素移動容量係数 $k_L a$ の測定

現有する撹拌培養槽で目的とする動物細胞培養が可能かどうか，すなわち式（3.14）を満足するかを判断するためには，酸素移動容量係数 $k_L a$ の実測が必要である。

　酸素移動容量係数 $k_L a$ の測定法として最も一般的な方法は，水系でのダイナミック法である。培地や培養液でなく水を培養槽に入れ，式（3.12）で，OUR = 0 となるので

$$\frac{dC}{dt} = k_L a \times (C^* - C)$$ (3.15)

となる。

　実際の測定の前に，水温，液量，攪拌速度，通気速度などの通気攪拌条件を所定の条件に設定し，溶存酸素電極で DO 濃度を測定し，80〜100 %程度の高い DO 濃度にする。その後，通気ガスを窒素ガスに切り換え，しばらくすると気相部が完全に窒素ガスに置換され，C^* = 0 であるので

$$\frac{dC}{dt} = -k_L a \times C$$ (3.16)

となる。すなわち，DO 濃度は減少しはじめる。

　この後のある時点（$t = 0$）からの経過時間を t〔min〕とし，$t = 0$，$t = t$ における DO 濃度をそれぞれ C_0, C_t〔mmol/l〕とし，式（3.16）を積分すると

$$\ln\left(\frac{C_t}{C_0}\right) = -k_L a \times t$$ (3.17)

となる。すなわち，t を横軸として $\ln(C_t/C_0)$ をプロットすると直線が得られ，その傾きが $-k_L a$〔1/min〕となる。この値 $k_L a$ を 60 倍し，単位を〔1/h〕に変えておくと便利である。

3.4.6　溶存酸素消費速度 OUR の計測

　動物細胞の酸素比消費速度はおよそ 0.05〜1 mmol/10^9 cells/h の範囲内にあるが，細胞種や培養系によっても異なるため，目的とする OUR は実測して求めておくことが望ましい。OUR は細胞の生理状態をオンラインリアルタイムで検知するために重要な計測項目でもある。

　動物細胞の OUR の実測は，実スケールでなく小スケールの攪拌培養槽でよいが，使用する攪拌培養槽の酸素移動容量係数 $k_L a$〔1/h〕をあらかじめ測定し

ておく必要がある。OUR 測定には，いったん通気を空気から窒素に切り替え
て DO 濃度変化をモニタリングするダイナミック法と，DO 濃度測定値と槽内
気相の酸素分圧測定値を併用する連続法がある。

　ダイナミック法では，培養中に通気ガスをいったん空気から窒素に切り替え
る。式 (3.12) 中で $C^*=0$ となるため

$$\frac{dC}{dt} = k_L a \times (-C) - OUR \tag{3.18}$$

$$OUR = -\frac{dC}{dt} - k_L a \times C \tag{3.19}$$

となり，DO 濃度の減少速度 dC/dt をモニタリングすれば，OUR を求めるこ
とができる。

　このダイナミック法では，**図 3.9** に示すように測定用の窒素ガスを特別に

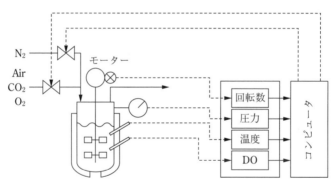

（a）　ダイナミック法

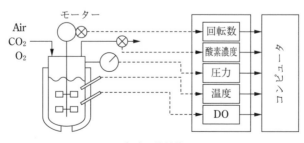

（b）　連続法

図 3.9 OUR 測定に必要な設備

用意する必要がある。また，ある程度DO濃度が減少したら，測定を中止して通常の通気に復帰させるため，間欠的にしか*OUR*を測定できず，その上，DO濃度変動という外乱を培養系に与えてしまうという欠点がある（**表3.1**）。

表3.1　*OUR*測定法の比較

	ダイナミック法	連続法
	N_2　Air+CO_2+O_2　N_2	Air+CO_2+O_2
	DO / 時間〔h〕	DO / 時間〔h〕
測定用ガス	窒素ガス	不　要
測定頻度	間欠的	連　続
DO変動	大	小

DO濃度を変動させることなく，培養中に*OUR*を連続的に測定する方法が連続法である。すなわち，式（3.12）をΔt時間間隔で積分し，式（3.20）を得る[4]。

$$OUR = \frac{k_L a}{1 - \exp(-k_L a \times \Delta t)} \times [\, C(t) \times \exp(-k_L a \times \Delta t) - C(t + \Delta t) \,]$$

$$+ k_L a \times C^*(t) \tag{3.20}$$

$C(t)$：$t = t$における溶存酸素濃度〔mmol/l〕

$C(t + \Delta t)$：$t = t + \Delta t$における溶存酸素濃度〔mmol/l〕

$C^*(t)$：$t = t$における培養液に対する飽和溶存酸素濃度〔mmol/l〕

培養槽気相部を窒素ガスで置換し，$C^* = 0$とする代わりに，培養中の培養槽内圧および培養槽からの排気ガスの酸素濃度を実測し（図3.9），得られる飽和溶存酸素濃度C^*を式（3.20）に代入して*OUR*を算出する。

50 l培養槽を用いたヒト胎児肺正常繊維芽細胞のマイクロキャリア攪拌培養において連続法により*OUR*を測定した結果，細胞増殖にほぼ平行して*OUR*が増大した（**図3.10**）。

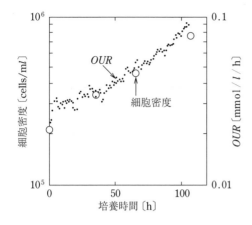

図3.10 連続法による *OUR* 連続
測定結果

3.4.7 動物細胞攪拌培養における溶存酸素供給法

通常，微生物培養では，培養液中に直接空気を送り込み，細かい気泡を発生
させる深部通気（スパージング）を行うとともに，高回転数で攪拌することに
より，式（3.11）中の a と k_L を効果的に増大させる。しかし，動物細胞培養
ではこれらの手段は培地を発泡させ細胞に損傷を与えるので使用できない。し
たがって，通常，動物細胞培養では培養槽上部の気相部から培養液上面を介し
て酸素を溶解させる表面通気法が採用される（**図3.11**（a））。しかし，培養

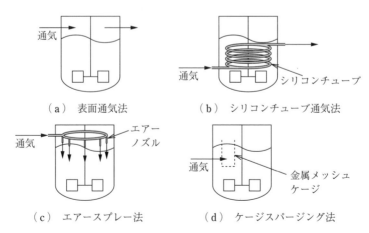

図3.11 動物細胞攪拌培養における溶存酸素供給法

液体積当りの培養液上面の気液界面積（式（3.11）中の a）は，培養槽を相似
形に保ってスケールアップするにしたがい小さくなる。したがって，表面通気
法ではスケールアップに伴い $k_L a$ が低下し，DO 供給が困難となる。

この問題に対して種々の工夫ができる。培養液中に設置したシリコンチュー
ブを通じて培地中に酸素を拡散させるシリコンチューブ通気法があるが（図
（ b ）），長いチューブ（0.1〜1 m/l）のために槽内部の構造が複雑となり，洗
浄が困難であるなどの欠点がある。

培養液上面に対して垂直下向きに設置した多数の通気ノズルから通気ガスを
吹き付けることにより液面を振動させるエアースプレー法では $k_L a$ を表面通気
の約2倍にできる（図（ c ））[5]。

プルロニック F-68 のような界面活性剤を培養液に添加することにより，ス
パージング時の泡による細胞損傷を緩和したり，吹出し口が一つしかないシン
グルオリフィススパージャーを用いて大きな気泡を少量スパージングすれば，
培養液に泡をほとんど立てずに $k_L a$ を約10倍に上げられる。

細胞が通過できない金属メッシュ製のカゴ（ケージ）を培養液中に設置し，
ケージの中にスパージングするケージスパージング法では（図（ d ）），泡と
細胞とを接触させずに $k_L a$ を上げることができる。

培養槽内を加圧することにより式（3.11）中の C^* を増大させ No を高める
加圧培養方法もあるが，加圧培養法を適用するには高静圧が細胞に与える影響
を把握しておく必要がある。これについては，3.7節で詳しく解説する。

3.4.8　溶存酸素濃度の制御

式（3.13）を満足する No（$= k_L a \times (C^* - C)$）を有する培養装置の場合にの
み，DO 濃度が設定値になるように制御することができる。具体的には，DO
センサーからの出力信号（DO 濃度）を通気系へフィードバックし，操作す
る。例えば，5% CO_2 ガス含有空気の通気に，5% CO_2 ガス含有窒素ガスや 5
% CO_2 ガス含有酸素ガスを一定割合で混合する。

3.4.9　細胞沈降層における溶存酸素供給

浮遊状態やモノレイヤーの細胞の周囲を溶存酸素が培養液の対流により移動する攪拌培養槽の場合と異なり，細胞が積層したり，沈降層を形成して細胞近傍で対流がない場合は，拡散による溶存酸素供給を考慮しておく必要がある。ここでは細胞が沈降層を形成する場合を例に挙げるが，細胞が接着したマイクロキャリアの沈降，あるいはコラーゲンなどのゲルに細胞が包埋されている場合も同様に考えればよい。

　細胞が沈降層を形成する場合は，沈降層上の培養液からの酸素の拡散速度に留意して沈降層の厚みを制限する必要がある。すなわち，細胞沈降層のなかで DO 濃度がゼロにならないための臨界厚みを，沈降層内での DO の定常状態における物質収支から以下のように計算する。

$$\left(-D \cdot \frac{dC}{dz}\right)_{z=z} - \left(-D \cdot \frac{dC}{dz}\right)_{z=z+dz} - dz \times q \times X = 0 \tag{3.21}$$

　　z　：細胞沈降層の厚み〔cm〕（底：$z = 0$，上面：$z = H$）

　　C：DO 濃度〔mol/cm^3〕

　　D：DO の拡散係数〔cm^2/s〕

　　q　：比酸素消費速度〔mol/cell/s〕

　　X：細胞密度〔cells/cm^3〕

　$z = H$ において $C = C_0$，$z = 0$ において $dC/dz = 0$ という境界条件下で式（3.21）を解き，$z = 0$ で $C > 0$ となる沈降層厚みは

$$H \leq \left(\frac{2 \times D \times C_0}{q \times X}\right)^{0.5} \tag{3.22}$$

と求めることができる。

3.5　温度，pH の影響

動物細胞培養プロセスの成績を最大にするためには，動物細胞の増殖，分化や代謝に影響する各環境因子を最適値に制御することが望ましい。溶存酸素と

　同様に温度とpHは動物細胞培養の成績に影響する基本的な環境因子である。

　タンパク質生産を目的とする動物細胞培養のプロセスでは，細胞増殖とタンパク質生産が異なる培養フェーズで行われる場合が多く，各フェーズごとに環境因子を最適化することにより，プロセス全体の効率化が達成できる。

　ヒト胎児肺正常繊維芽細胞のマイクロキャリア攪拌培養によるtPA生産は細胞増殖フェーズとそれに続くtPA生産フェーズからなる。（3.4.2項 参照）

　ヒトの体温が約37℃であるため，多くのヒト細胞の増殖が37℃で行われるが，tPA生産プロセスでも増殖フェーズの最適温度は37℃であった（図3.12）。一方，生産フェーズでは，37℃より低温でτが大きく，細胞死滅速度定数k_dが小さく細胞密度の維持にすぐれているため，33℃でtPA生産量も最大となった（図3.13）。

　25〜37℃までの範囲の培養温度でそれぞれストローマ細胞と骨髄造血細胞の共培養（Dexter培養）を行ったところ，比較的高い33℃で早く骨髄細胞中の

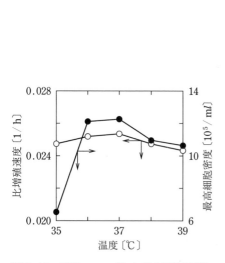

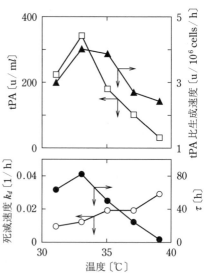

図3.12　増殖フェーズにおける細胞増殖に及ぼす培養温度の影響（ヒト胎児肺正常繊維芽細胞のマイクロキャリア攪拌培養によるtPA生産プロセス）

図3.13　生産フェーズにおけるtPA生産に及ぼす培養温度の影響（ヒト胎児肺正常繊維芽細胞のマイクロキャリア攪拌培養によるtPA生産プロセス）

ストローマ細胞がディッシュ底面でコンフルエントに達し，それにより造血細胞の増殖も 33℃ が最適だった（**図 3.14**）。しかし，ストローマ細胞がコンフルエントに達した後に骨髄細胞を再添加して各温度で培養した結果，より低温の 29℃ で造血細胞の維持，増殖が良好となった（**図 3.15**）[6]。

動物細胞培養に一般に用いられる緩衝液である PBS（phosphate buffered saline）の pH は約 7.3 であるが，tPA 生産プロセスにおいても増殖フェーズの

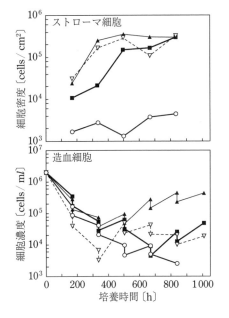

○: 25 ℃, ■: 29 ℃, ▲: 33 ℃, ▽: 37 ℃

図 3.14　造血細胞の増殖に対する培養温度の影響（ストローマ細胞も同時に播種する場合）

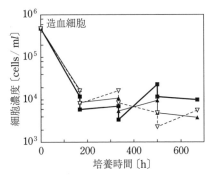

■: 29 ℃, ▲: 33 ℃, ▽: 37 ℃

図 3.15　造血細胞の増殖に対する培養温度の影響（ストローマ細胞層がすでにある場合）

最適 pH は 7.3 であった（**図3.16**）。一方，生産フェーズでは，比生産速度には pH7.3 が最適であったが，細胞維持ではより低い pH が適していたため，tPA 生産量が最大になるのは pH6.8 だった（**図3.17**）。

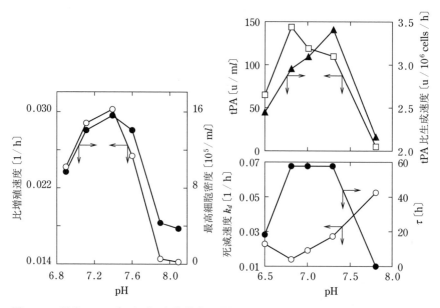

図3.16　増殖フェーズにおける細胞増殖に及ぼす pH の影響（ヒト胎児肺正常繊維芽細胞のマイクロキャリア攪拌培養による tPA 生産プロセス）

図3.17　生産フェーズにおける tPA 生産に及ぼす pH の影響（ヒト胎児肺正常繊維芽細胞のマイクロキャリア攪拌培養による tPA 生産プロセス）

　2章で述べたように動物細胞培養用の培地には，$NaHCO_3$-CO_2 ガス緩衝系が通常使用され，培養液気相部には 5% CO_2 ガスが使用される。細胞密度が低い場合はこの緩衝系で培養液 pH は一定に維持される。しかし，細胞密度が増大すると，グルコース消費により生成される乳酸が培養液中に高濃度蓄積し，この緩衝系では pH 低下を抑えられない。

　このような場合には，pH センサーの指示値をオンラインで CO_2 ガス流量コントローラーにフィードバックし CO_2 ガス流量を減少させ，培養槽内気相部の CO_2 ガス濃度を下げて，pH を設定値に維持する。それでも pH 低下を抑え

られない場合は NaOH 溶液を自動的に培養液に添加して pH を設定値に維持する。ただし，培養液の浸透圧も上昇するので注意が必要である。

3.6 浸透圧の制御

3.6.1 培地浸透圧の調整

通常の動物細胞培養用基本培地は生理的浸透圧である $280 \sim 300$ mOsmol/l になるように設計されている。培地の浸透圧を調整したり変更する場合，すなわちある浸透圧 X_0（mOsmol/l）から目的の浸透圧 X（mOsmol/l）まで浸透圧を上げるには，NaCl 保存液（100 mg/ml）を次式で与えられる量 Y（ml/l）添加するとよい。

$$Y = \frac{X - X_0}{3.2} \tag{3.23}$$

浸透圧の実測には通常，凝固点降下作用を利用した浸透圧測定器（例えば，フォーゲル社 OM-802 型）が用いられる。

3.6.2 動物細胞培養に与える浸透圧の影響

浸透圧を生理的浸透圧以上に上げて培養すると，細胞の比増殖速度は低下する。それに伴い，G_1 期細胞の割合の増大，細胞内アミノ酸や RNA プールの増大などの変化が生じる。

グルコース比消費速度や乳酸比生成速度など代謝速度は，生理的浸透圧以上でも一定の浸透圧までは浸透圧の増大に伴って増大するが，それ以上では減少する。抗体などタンパク質の比生産速度も同様にある浸透圧で最大となる（図 3.18）。同じ CHO 細胞を用いて接着培養と浮遊培養をそれぞれ行った場合，接着培養のほうがより低い浸透圧で代謝の変化が生じ，浸透圧に対する感受性がより高いといえる。接着培養，浮遊培養のいずれにおいても浸透圧上昇に応じて細胞体積が増大する（図 3.19）[7]。

グルコース比消費速度と乳酸比生成速度およびグルタミン比消費速度から，

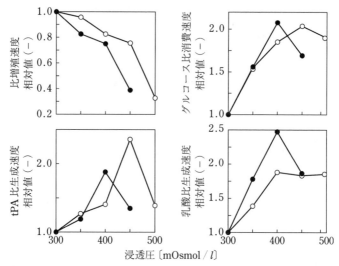

○：浮遊培養, ●：接着培養, それぞれ 300 mOsmol / *l* の値を 1.0 とする。

図3.18　動物細胞培養に与える浸透圧の影響
（tPA 産生性組換え CHO 細胞）

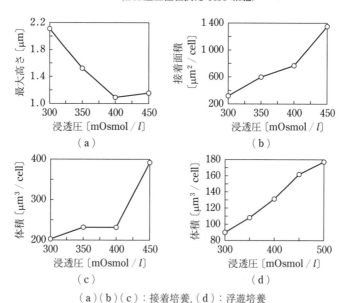

（a）（b）（c）：接着培養,（d）：浮遊培養

図3.19　動物細胞の体積に与える浸透圧の影響
（tPA 産生性組換え CHO 細胞）

グルコース由来の ATP 比生成速度とグルタミン由来の ATP 比生成速度をそれ
ぞれ算出できる。高浸透圧下のハイブリドーマ細胞の培養では，生理的浸透圧
に比べて両方の ATP 比生成速度が高くなる。しかし，420 mOsmol/*l* 以上の浸
透圧ではグルタミン由来の ATP 比生成速度はさらに大きく増大するが，グル
コース由来の ATP 比生成速度は逆に低下し，エネルギー代謝のフラックスが
変化する（**図 3.20**）。

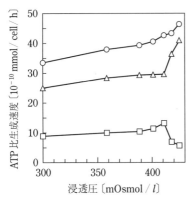 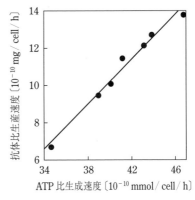

（a）　浸透圧による ATP 比生成速度
（□: グルコース由来，△: グルタ
ミン由来，○: 両者の合計）の変化　　（b）　抗体比生産速度と ATP 比生成速度
の関係

図 3.20　動物細胞のエネルギー代謝に与える浸透圧の影響

　420 mOsmol/*l* を境にしてフラックスは変化するが，総 ATP 比生成速度は少
なくとも 480 mOsmol/*l* まで浸透圧上昇に伴いほぼ単調に増加する。浸透圧上
昇に伴い抗体比生産速度も増加するが，抗体比生産速度が総 ATP 比生成速度
に比例することから，エネルギー生成量の増大が高浸透圧下での抗体生成増大
の一因と考えられる（図 3.20）[8]。

3.6.3　浸透圧制御によるタンパク質生産性の向上

　グリシンベタインなどの抗高浸透圧物質（osmoprotective compound）を培
地に添加することによって，細胞密度をあまり低下させることなく，高浸透圧
下でのタンパク質生産を上げることができる。

　高浸透圧下で細胞比増殖速度が低下する反面，タンパク質の比生成速度が増大することから，タンパク質生産量に関する最適浸透圧が生理的浸透圧よりも少し高い浸透圧である例が多い。

　動物細胞培養の培養フェーズを大別すると，前半の細胞増殖フェーズと後半のタンパク質生産フェーズに分けられることが多い。そこで培養前半を増殖に適した生理的浸透圧，後半をタンパク質生産に適した高浸透圧というように，培養時間とともに浸透圧を段階的に上げることがタンパク質生産性の向上に有利と考えられる。

　ハイブリドーマ細胞の培養において種々のパターン（**図3.21**）で経時的に浸透圧を上げたところ，培養全期間を通して一定の浸透圧で培養した場合に比べて高い抗体生産量が得られるパターンが認められた（**表3.2**)[9]。

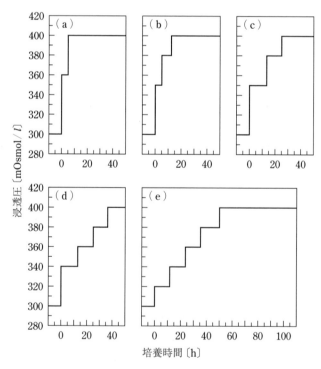

図3.21　浸透圧の上昇パターン

表3.2　浸透圧上昇が抗体生産量に与える影響（ハイブリドーマ
　　　　細胞によるモノクローナル抗体生産）

	浸透圧	抗体生産量〔mg/l〕
一　定	300 mOsmol/l	37.58
	388 mOsmol/l	51.98
	400 mOsmol/l	46.50
上　昇	パターン（a）	55.90
	パターン（b）	54.93
	パターン（c）	50.77
	パターン（d）	49.61
	パターン（e）	44.80

　tPA産生性組換えCHO細胞の培養における，増殖フェーズ後の生産フェーズにおいて，浸透圧を300 mOsmol/l と 500 mOsmol/l とに1日おきに交互に変化して培養した結果，培養全期間を通して一定の浸透圧（300 または 500 mOsmol/l）で培養した場合に比べて約1割高いtPA生産量が得られた（**図3.22**)[9]。

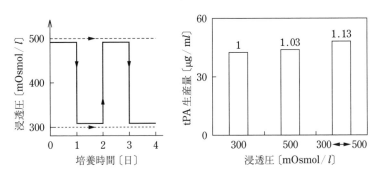

図3.22　周期的な浸透圧変化がtPA生産量に与える影響
　　　　（tPA産生性組換えCHO細胞）

3.7　静圧の影響

　3.4.7項で触れたように培養槽内気相部の圧力を上げることは，溶存酸素供給速度を上げる有効な手段になり得る。しかし，そのためには圧力（静圧）が

動物細胞に与える影響を確認しておく必要がある。

　初代細胞に与える静圧の影響は血管内皮細胞，骨髄細胞，軟骨細胞などでよく調べられている。血管内皮細胞は血液流により生じるせん断力で細胞が伸長し，プロスタサイクリンやtPAの分泌増加を起こすなど，機械的な力に対してさまざまな反応を示すが，ウシ肺動脈内皮細胞の接着培養において0.1015 MPaの静圧をかけると繊維芽細胞成長因子（FGF）の分泌が促進されるとともに細胞が伸長することが報告されている[10]。

　マウス骨髄細胞の培養において0.137 MPaの静圧をかけるとマクロファージコロニー刺激因子（M-CSF）の分泌が減少し，破骨細胞への分化が抑制された[11]。

　タンパク質生産を目的とする動物細胞培養における静圧の影響では，ヒト胎児肺正常繊維芽細胞（HEL）での報告が最初であろう。ティッシュープラスミノーゲンアクチベーター（tPA）を産生するヒト胎児肺正常繊維芽細胞の50 l スケールのマイクロキャリア培養において，pHセンサー，溶存酸素電極を用いてpHおよびDO濃度を一定値になるように酸素，窒素，炭酸ガスの各通気ガス流量を制御しながら，気相部静圧を0.12 MPaまたは0.25 MPaにして培養した。その結果，0.25 MPaの圧力で培養するとコントロール（0.12 MPa）に比べて細胞増殖フェーズ，tPA生産フェーズのいずれにおいてもグルコース比消費速度が15%低下したが，比増殖速度には影響せず，tPA生産量は約15%増加した（**表3.3**）[5]。

表3.3　繊維芽細胞マイクロキャリア培養に与える静圧の影響（50 l 培養槽使用）

	静圧〔MPa〕	増殖フェーズ	生産フェーズ		
			0〜4日	4〜8日	8〜12日
グルコース変換〔g-乳酸/g-グルコース〕	0.12	0.83	0.84	0.71	0.84
	0.25	0.77	0.64	0.59	0.74
細胞収率〔10^7 cells/mg-グルコース〕	0.12	5.29	−	−	−
	0.25	6.29	−	−	−
tPA収率〔10^2 u/mg-グルコース〕	0.12	−	1.66	3.80	4.81
	0.25	−	3.11	10.24	8.16

　簡便に静圧の影響を調べるための実験方法も開発された（**図3.23**）。あらかじめ細胞を接着させておいたＴフラスコを，短く切断した鋼管からなる加圧容器に入れ，両端をフランジで密閉し，恒温水槽に浸漬する。加圧容器内部の気相を5％炭酸ガスを含む空気で置換した後，窒素ガスで所定の静圧まで加圧し，加圧培養を開始する。この方法では静圧にかかわらず気相部の酸素および炭酸ガス分圧を一定に設定できるため，静圧による pH や DO 濃度の差が生じない。培地を 40 ml 入れた 50 ml 容遠心管のキャップをゆるめ，加圧容器内に培養開始時に入れておき，培養終了時にすみやかに pH を測定することによっても，このことを確認できる[12]。

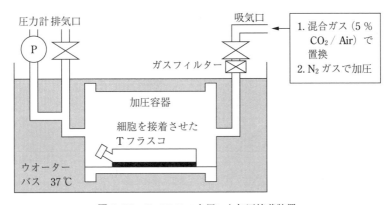

図3.23　Ｔフラスコを用いた加圧培養装置

　ハイブリドーマ細胞およびヒト顆粒球マクロファージコロニー刺激因子（hGM-CSF）産生性組換え CHO 細胞をこの加圧培養装置を用いて大気圧から最高 0.9 MPa まで圧力を変えて培養した結果，細胞増殖にはほとんど静圧の影響がなかったが，抗体および hGM-CSF タンパク質比生産速度は静圧にほぼ比例して増加し，0.9 MPa で大気圧下に比べて 20～30％増となった（**図3.24**）。

　このうち hGM-CSF 産生性 CHO 細胞では静圧の増大により hGM-CSF タンパク質の mRNA 発現量も増加していることが確認されている（**図3.25**）[13]。静圧増大のシグナルが mRNA 発現量増加につながるのには ERK 経路の関与が

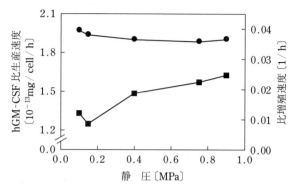

図3.24　CHO 細胞培養に与える静圧の影響（hGM-CSF
産生性組換え CHO 細胞）

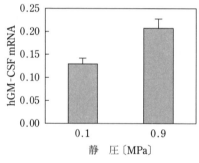

図3.25　hGM-CSF の mRNA 量に及ぼす
静圧の影響（hGM-CSF 産生性組換え
CHO 細胞）

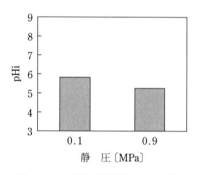

図3.26　静圧が細胞内 pH に与え
る影響（hGM-CSF 産生性組換え
CHO 細胞）

示唆されている[14]。これらとの関連は不明だが，この CHO 細胞を加圧培養す
ると細胞内 pH が顕著に低下することもわかっている（**図3.26**）。

3.8　アポトーシスの制御

3.8.1　アポトーシスとは

　動物細胞培養プロセスでは，高価な培地，特別な設備（培養装置），長い時
間を費やして細胞を増殖させる。したがって，いったん増殖して大量に獲得し

た細胞マスを，できるだけ死なないようにして長期間有効に利用することはプロセスの経済性を達成するために重要である。

　細胞死にはネクローシスとアポトーシスがある。ネクローシスは，高温，毒物など，なんらかの病理的要因により，細胞膜のイオン勾配が維持できなくなった結果として起こる細胞死とされている。まず，細胞小器官，特にミトコンドリアが膨化し，細胞自体も徐々に膨らんでいき，細胞溶解が起こる。

　アポトーシスは病理的要因のみならず多様な生理的要因によっても生じる。まず，核でDNAとタンパク質の複合体であるクロマチンの網状構造が消失し，凝縮する。ついで，細胞表面に大小のくびれが生じ，急速にアポトーシス小体に断片化する。

　ネクローシスが偶発的あるいは受動的細胞死であるのに対して，アポトーシスはある遺伝子発現過程を経て起こることからプログラム死あるいは能動的細胞死と呼ばれ，アポトーシスの人為的制御の重要性が指摘されている。

　動物細胞培養においては，アンモニアや乳酸など代謝老廃物の蓄積，グルコースやアミノ酸など栄養分の不足，血清成分の枯渇，サイトカインなどの欠乏などでアポトーシスが生じる。

3.8.2　動物細胞へのアポトーシス耐性の付与

　アポトーシスに関与する種々の遺伝子が明らかになってきた（**表3.4**）。一例として bcl-2 遺伝子産物である Bcl-2 はアポトーシスを抑制することがわ

表3.4　アポトーシスに関与する遺伝子

遺伝子	遺伝子産物	アポトーシスに対する機能
bcl-2	Bcl-2	抑制
bcl-x	Bcl-x_L	抑制
	Bcl-x_S	促進
	Bcl-x_β	抑制
bax	Bax$_\alpha$	促進
A1	A1	抑制
mcl-1	Mcl-1	抑制

かっている。

bcl-2 遺伝子を導入した CHO 細胞を無血清培地で培養した結果，通常の CHO 細胞の培養に比べて培養 186 時間目の細胞生存率が約 6 倍に改善された[15]。

3.8.3　アポトーシスにおける活性酸素

スーパーオキシド（$O_2 \cdot^-$），過酸化水素（H_2O_2），ヒドロキシラジカル（$HO \cdot$）などの活性酸素は，細胞内に蓄積し，DNA を損傷させたりし，アポトーシスが誘導される重要な要因の一つと考えられている。

スーパーオキシド（$O_2 \cdot^-$）自身の反応性は低いが，微量の鉄や銅などの金属により細胞障害性の強いヒドロキシラジカル（$HO \cdot$）に変化する。すなわち，まず金属イオンが $O_2 \cdot^-$ で還元される。

$$O_2 \cdot^- + Fe^{3+}(Cu^{2+}) \rightarrow O_2 + Fe^{2+}(Cu^+) \tag{3.24}$$

つぎに，この金属イオンと H_2O_2 が反応する（フェントン反応）。

$$H_2O_2 + Fe^{2+}(Cu^+) \rightarrow OH- + HO \cdot + Fe^{3+}(Cu^{2+}) \tag{3.25}$$

これらの総和は

$$O_2 \cdot^- + H_2O_2 \rightarrow O_2 + OH- + HO \cdot \tag{3.26}$$

となる。

3.8.4　活性酸素の制御によるアポトーシス低減化

無血清および低血清（0.4％）培地を用いた CHO 細胞の浮遊攪拌培養の定常期では，トリパンブルー染色法で測定した生細胞濃度が急速に低下した。代表的な還元剤であるグルタチオン（GSH）をこの培養に添加したところ，生細胞濃度の低下が大幅に改善された（**図3.27**）。その際，生細胞数中のアポトーシス細胞の割合が GSH 添加により減少していることがわかる（**表3.5**）[16]。

活性酸素によるアポトーシスとミトコンドリア膜活性低下との関係が報告されているが，高いミトコンドリア膜活性を持った細胞の割合が GSH 添加により高く維持されていることがわかる（**表3.6**）。

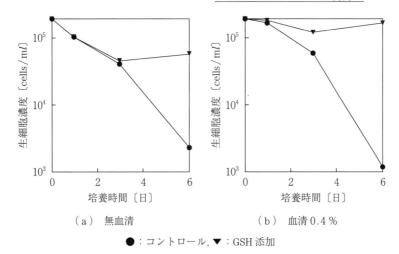

（a） 無血清 （b） 血清 0.4 %

●：コントロール，▼：GSH 添加

図 3.27 生細胞濃度の減少に対するグルタチオン（GSH）添加の効果

表 3.5 アポトーシス細胞割合に及ぼす GSH 添加の影響

血 清〔%〕	GSH 添加	アポトーシス細胞の割合〔%〕		
		1 日	3 日	6 日
0	−	14.4	66.4	92.5
	+	27.3	57.3	76.9
0.4	−	8.8	53.1	96.3
	+	29.7	19.8	38.6

表 3.6 ミトコンドリア膜活性が高い細胞の割合に及ぼす GSH 添加の効果

血 清〔%〕	GSH 添加	ミトコンドリア膜活性が高い細胞の割合〔%〕	
		1 日	6 日
0	−	97.3	12.7
	+	84.6	70.2
0.4	−	98.7	34.2
	+	93.7	95.8

　GSH 添加により細胞内の活性酸素量が減少することが確認されている（**表 3.7**）。活性酸素の中でも特に細胞障害性の強いヒドロキシラジカル（HO・）を生成するフェントン反応を触媒する金属に対するキレート剤を培養液に添加しても活性酸素の量が減少した。キレート剤としては，aurintricarboxylic acid（ATA）や deferoxamine（DFO）が用いられた。GSH とキレート剤の同時添

表3.7　細胞内活性酸素量に及ぼす GSH とキレート剤の影響

添加物	活性酸素相対量〔%〕
−	100
GSH	68
ATA	47
GSH + ATA	16
DFO	63
GSH + DFO	37

加により活性酸素量はさらに減少した。

　無血清および低血清（0.4%）培地を用いた CHO 細胞の浮遊攪拌培養の定常期において，GSH とキレート剤（ATA）を同時に添加した結果，GSH，ATA の各単独添加に比較して細胞死がいっそう緩和された（**図3.28**）[17), 18)]。

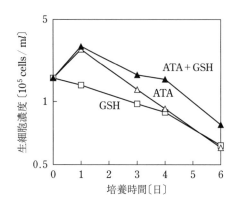

図3.28　GSH とキレート剤（ATA）の同時添加による細胞死の緩和

3.9　エクソソーム利用の可能性

3.9.1　エクソソームとは

　細胞外分泌小胞（EV：extracellular vesicle）は古くからその存在が知られていたが，エクソソームという名前は，羊の網状赤血球から分泌された小胞に由来する。細胞が分泌する小胞の直径は 30～1 000 nm と幅広く，その小胞の起源となる細胞の種類によりその名称はマイクロベシクル，プロスタソーム，エ

クトソームなどさまざまであり，分離方法や CD81 のようなタンパク質マーカーなどを用いたこれらの小胞のさらなる分類が試みられている。ここでは，歴史的に用いられてきたエクソソーム（Exosome）という一般的な名称を使用する。

エクソソームの小胞中にはタンパク質，mRNA，miRNA などの情報伝達物質が内包されており，これらは細胞の起源によって異なるものの 100〜300 種類のタンパク質，1 000 種類前後の mRNA，100 種類を超える miRNA が内包されている。すなわち，細胞間情報伝達の実態は細胞が分泌するサイトカインなど，濃度勾配によって運ばれるフリーのタンパク質が主体と従来は考えられていたが，現在では細胞間情報伝達の主体としてのエクソソームの存在が重要視されている[19]。

3.9.2　CHO 細胞連続培養におけるエクソソーム利用の可能性

抗体医薬の製造には Chinese hamster ovary（CHO）細胞に代表される動物細胞が用いられている。近年多くの病因たんぱく質ごとに異なる抗体医薬が開発されてきたため，培養設備の不足が課題となり，高密度培養が可能である浮遊連続培養が注目されている。しかし，浮遊連続培養では培地消費量が多く培地コストが高いことが課題であり，コストを抑えるために排出培養液中にある有用成分の再利用が有効と考えられた（図 3.29）。近年，エクソソームによる情報伝達の例として，メラノーマ細胞 B16BL6 細胞のエクソソームによる自身の増殖促進（図 3.30）[20), 21] や CHO 細胞のエクソソームによる自身のアポトーシス抑制[22] なども報告されている。このほか，実生産における無血清浮遊連続培養を模した無血清浮遊繰返し回分培養において，CHO 細胞の無血清培養上清中のエクソソームを含む高分子画分（PF，0.22 μm 以下 10 kDa 以上）に増殖促進効果が認められている[23]。今後，CHO 細胞の無血清浮遊連続培養におけるエクソソームを含む PF の再利用による培地コストの低減化の実証が期待される。

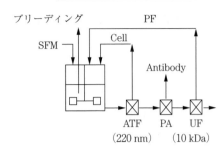

ブリーディング　　　　　PF
SFM　　　Cell
　　　　　　　Antibody
　　　　ATF　PA　UF
　　　(220 nm)　(10 kDa)

PF　：高分子画分
　　　（タンパク質，エクソソームを含む）
ATF：タンジェンシャルフロー濾過膜
　　　（200 nm 以上の粒子を補足）
UF　：限外濾過膜
　　　（10 kDa 以上の分子を補足）
PA　：プロテイン A カラム
SFM：無血清培地

図 3.29　連続培養におけるエクソソームを利用した培地節約模式図

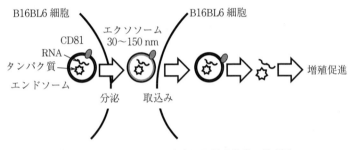

B16BL6 細胞　　　　　　　　B16BL6 細胞
　　　　　　　エクソソーム
CD81　　　　30～150 nm
RNA
タンパク質　　　　　　　　　　　　　　　　増殖促進
エンドソーム
　　　　分泌　　取込み

図 3.30　エクソソームを介した増殖促進の模式図

3.10　工業化の例（tPA 生産）

3.10.1　ティッシュプラスミノーゲンアクティベータ（tPA）とは

　がんと並んで日本人の死亡原因の上位にある脳血栓，心筋梗塞の治療では，血管に生成する血栓を溶解することが必須である。血栓の成分としてフィブリンと呼ばれる硬タンパク質があり，通常は前駆体であるフィブリノーゲンとして血液中に存在している。

　血栓溶解剤としての治療薬にはウロキナーゼがあるが，ウロキナーゼにはフィブリンだけでなくフィブリノーゲンをも分解する活性があり，血栓治療のために多量投与すると出血などの副作用が起きることがある。これに対して，ティッシュプラスミノーゲンアクティベータ（tPA）は，フィブリンと結合するとともに，プラスミノーゲンと結合しプラスミンに変え，その結果，プラス

ミンがフィブリンを分解溶解する。このためウロキナーゼのような副作用がな

く，またウロキナーゼに比べて血栓溶解活性が高いことから，優れた血栓溶解

剤と考えられる[24]。

　tPA は，もともとヒトの血管内皮細胞が生成する。527 個のアミノ酸配列か

らなり，フィブリンに対して親和性をもつクリングル構造を 2 個有する，60～

70 kd の糖タンパク質である（**図 3.31**）。血中濃度の維持に糖鎖が必要なこ

と，分子内に S-S 結合を 10 個以上も形成する複雑な構造を有することから，

大腸菌などの微生物での生産は困難であり，現在も開発が進んでいる第 2 世代

tPA を含めてすべて動物細胞培養により生産される。旭化成株式会社は tPA 生

産のためにヒト胎児肺細胞の接着大量培養（マイクロキャリア培養）技術を確

立し，1988 年 9 月に製造承認申請し，1991 年 3 月，日本で始めて tPA 製剤

（プラスベータ）の販売を開始した。

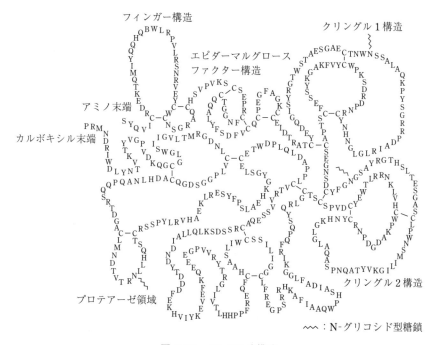

図 3.31　tPA の 1 次構造

動物細胞，それもヒト細胞を大量に安定に培養するプロセスは，それまで世界的にもほとんど例がなかったことから，培養技術の確立は数々の困難を極めた。

3.10.2　培養工程（汚染防止）

動物細胞の分裂増殖に要する時間は微生物の場合の数十倍と長いことから，動物細胞を安定に培養するためには，パーフェクトな無菌化技術が必要となる。パイロットタンクに作成した数百リットルの高価な培地が，翌朝には雑菌汚染で真っ白になることがたびたびあった。その都度，配管などの設備および操作方法の改良を繰り返した結果，当初は購入品であったパイロットプラントは，タンク缶体本体を除けば，隅から隅まで旭化成オリジナルに生まれ変わった。

一般的な微生物よりも恐ろしいマイコプラズマやウイルスという汚染生物がある。動物細胞培養用の液体培地は，熱に不安定なために，通常 0.2 μm 程度のポアサイズの膜で沪過し除菌するが，マイコプラズマやウイルスはこれらを通過するため，いったん混入すれば除去は不可能である。またマイコプラズマやウイルスにより細胞や培地が汚染されても，プロセスに顕著な影響が認められないことが多い。tPA 開発プロジェクトもマイコプラズマやウイルスのために 1 年程度の期間停滞を余儀なくされたが，厳重な操作および原料品質の管理体制により解決された。

培地原料の水の品質管理も重要である。自社で水を供給する場合には培地に適した水の安定な製造技術の確立も必須で，購入品の場合も，培養プロセスに投入するまでの間での汚染をいかに防ぐか，ハード，ソフト両面での工夫が必要である。

3.10.3　培養工程（継代培養設計）

保存アンプル（ワーキングセルバンク）1 本中には通常 1×10^6 個程度の細胞を入れる。かりに最終スケールが 1 m^3 で播種細胞密度が 1×10^5 個/ml の場

合，10^5倍（≒$2^{16.6}$倍）に細胞を増やす必要がある。動物細胞培養における1ステップ当りの増殖倍率はせいぜい50倍程度であるから，最終スケールで播種するまでに，3ステップ程度の継代培養と3週間近い時間が必要となる。この過程をいかに汚染なく，安定に，しかも簡略に行うかの設計は重要であった。

3.10.4　培養工程（基本的培養条件の設計）

動物細胞培養における細胞密度は，溶存酸素供給やせん断力の問題などから通常$1\sim5\times10^6$個/mlと低いため，培養装置単位体積当りのタンパク質生産性（リアクター生産性）を上げるためには，細胞当りの生産性（比生成速度）を上げるか，細胞密度を上げるか（高密度培養）になる。このうちtPAの比生産速度の向上に関しては培地成分，特にタンパク質加水分解物の添加が効果的であった。

細胞増殖後に長期間にわたってtPAを分泌するので，温度，pH，溶存酸素濃度（DO）などの基本操作条件は，細胞増殖とtPA生産の両方についてそれぞれ最適化した。

現在と多少事情は異なっていたものの，ウシ血清はコスト，品質の両面で問題があり，対応が必要であった。

3.10.5　培養工程効率化（溶存酸素供給，高密度化）

動物細胞は微生物細胞と異なり機械的外力に弱いため，高い撹拌速度や深部通気を採用できず，低撹拌・表面通気が一般的である。スケールアップに伴い培養液体積当りの気液界面積が減少するので，スケールアップや高密度培養に際しては溶存酸素供給が最大の工学的課題であった。

そのため，培養槽および撹拌羽根の設計，種々の新規通気方法の検討を行った。それらの中で最も効果的な方策の一つが加圧培養であった。ただし，加圧が動物細胞に与える影響は当時ほとんど調べられておらず，その研究は続けた。

一方，溶存酸素供給速度を上げ，高細胞密度を達成しても，tPA の場合も高細胞密度になるほど，比生産速度は顕著に低下した。培地成分中の脂溶性成分が高細胞密度で不足することが見いだされた。

3.10.6　培養工程（自動化）

一般の製造プロセスと同じように，tPA 製造プロセスも最終的には自動化による人件費削減が必須課題であった。培養プロセスの自動化にはシーケンス制御やオンオフ制御のほかに，培養状態，特に細胞活性のモニタリングが必要である。

微生物培養プロセスで一般化している酸素消費（呼吸）速度のオンライン測定技術は，微生物培養に比べて細胞密度が非常に低い動物細胞培養には適用できなかった。そこで，培養に外乱を与えず，コストもかからない，動物細胞培養用の酸素消費速度のオンライン連続測定法が独自に開発された。

さらにこれを応用して，増殖培養から生産培養への移行時期のオンライン最適制御も可能であることが実証された。

以上，多くの研究者，技術者の健闘の集大成として建設された工場設備の一部を図3.32に示す。

図3.32　tPA 製造培養プラント

3.10.7　精　製　工　程

バイオ医薬品の精製工程は，単に純度を上げればよいというものではなく，外来からの感染性因子（微生物，マイコプラズマ，ウイルス等）の混入を防ぐ

ことを考えなければならない。また、その生産細胞がウイルス試験で陰性とい
う結果が得られている場合でも、精製工程はウイルスを十分に不活化または除
去する能力を持たなければならない。プラスベータ（tPA製剤）原薬の精製工
程は三つのカラムクロマトグラフィー工程から構成されている（**図3.33**）。
第1段の陽イオン交換カラムクロマトグラフィー工程は、約1万*l*の培養生産
液の濃縮と粗精製を目的としているだけでなく、酸性条件下でクロマトグラ
フィーすることによるウイルス不活化を兼ねる重要な工程でもある[25]。

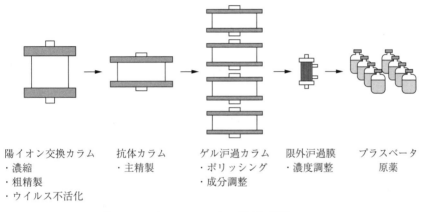

陽イオン交換カラム 　抗体カラム 　ゲル沪過カラム 　限外沪過膜 　プラスベータ
・濃縮 　　　　　　・主精製 　　・ポリッシング 　・濃度調整 　原薬
・粗精製 　　　　　　　　　　　・成分調整
・ウイルス不活化

図3.33 プラスベータ（tPA製剤）精製フロー

　第2段の抗体カラムクロマトグラフィー工程は、プラスベータに対するマウ
スモノクローナル抗体をリガンドとしたカラムクロマトグラフィーを使用して
いる。この時点で電気泳動上ではシングルバンドであり、産業用酵素や試薬と
しては十分すぎるほどの純度であるが、医薬品としての安全性向上のため、い
わゆるポリッシング工程としてゲル沪過カラムクロマトグラフィーを実施し、
不純タンパク質を最終的に ng/m*l* レベルまで低減化させている。最後に限外
沪過膜を用いて、適切な濃度まで濃縮し、容器に分注して、プラスベータ原薬
となる。

　このように最終的には非常にシンプルな無駄のない精製フローを確立できた
が、1980年代の開発当時はバイオ医薬の黎明期でもあり、そのプロセス開発

は手探り状態であった。プラスベータのような注射剤では，菌由来の発熱性物質であるエンドトキシンをできるだけ低減化させる必要がある。当初，精製出発原料である培養生産液は無菌である上に，精製工程はすべて低温室で実施するため，菌の増殖は問題にならないと考え，基本的には精製設備の殺菌はアルカリ通液だけに頼られていた。

しかし，それだけでエンドトキシンをコントロールすることは難しい。そこで，それまでの考え方を大きく見直し，精製設備についても可能な限り蒸気滅菌ができるようにされた。

さらに精製工程で使用する緩衝液はすべて限外沪過（分子量6 000カット）するシステムも構築し，原薬のエンドトキシン量を検出限界（0.03 EU/ml）未満という低レベルに維持することに成功した。

3.11　大量培養槽の総量不足と生産能力のさらなる改善

3.11.1　動物細胞大量培養の需要の急増

抗体医薬の登場により2003年ごろから動物細胞大量培養槽の総量が世界的に不足気味となっている。

まず，抗体が優れた医薬品になることがわかってきたが，その開発例や商品化の例が急増し，100品目を超えるといわれている。それは，抗体医薬のADMET（薬物代謝と毒性）は抗体の種類が変わってもほぼ同じである可能性が高いことに起因していると考えられる。すなわち，化合物の種類ごとにADMETがバラバラで安全性の保証を得る前臨床試験が大変な低分子化合物に比べ，臨床試験に4〜5年早く着手できるといわれている。

さらに，抗体医薬の投与量が従来の生理活性タンパク質に比べて一桁以上多い毎回数十mgであることも大きく影響している。

例えば，あるリウマチ治療用の抗体医薬品の例を考えてみたい。患者1人当り1週間の投与量は25 mgで，1年間に1.2 gとなる。投与対象となるリウマチ患者数は，米国170万人，日本40万人と200万人を超える。これらの患者

に供給するには，年間 2 400 kg の抗体が必要である。これに対して動物細胞培養によるタンパク質の生産性は培養液体積当りおよそ 1 g/l である。1 回の培養期間は通常 2〜3 週間で，年間およそ 20 回培養できるので，培養液量 1 l の培養槽があれば，精製収率を無視すると年間に約 20 g の抗体を生産できる。

すなわち，ある 1 品目の抗体医薬を年間 2 400 kg 生産するには，少なくとも合計 12 万 l の培養槽が必要である。これに対して，世界の製薬企業が保有あるいは建設中の動物細胞培養槽の総容量は 147 万 l になるといわれており，抗体医薬の品目数から考えて不足気味といわざるを得ない（**表 3.8**)[26]。これに対して，培養槽の胴体部分を使い捨てのプラスチックバッグに置換することにより洗浄・殺菌時間を省こうとする試みも盛んになっている。

表 3.8 世界の製薬企業が保有するあるいは建設中の動物細胞培養槽の総容量（2003 年末)[26]

製薬企業	現在の容量〔l〕	建設中の容量〔l〕	総 量〔l〕
アムジェン社	8 万	8 万	16 万
バイオジェン-IDEC 社	13 万	7 万 2 000	20 万 2 000
ジェネンテック社	24 万	4 万	28 万
ワイス社	1 万 8 000	18 万	19 万 8 000
その他	13 万 2 000	50 万 3 000	63 万 5 000
合 計	60 万	87 万 5 000	147 万 5 000

一方，製薬企業が抗体医薬を開発するために新たに動物細胞培養設備と技術を確立するには，少なくとも 4〜5 年はかかるといわれている。また，開発途中の臨床試験で開発中止になる確率もある。そのような設備投資のリスクを回避するために，動物細胞培養による医薬品の受託生産会社に生産を委託するケースも増え始めており，国内でも東洋紡の関連会社であるパシフィックバイオロジクス社や旭化成が受託生産の開始を検討している。

いずれにしても総生産能力の不足を補う必要があり，そのためにも，動物細胞培養によるタンパク質生産能力のさらなる改善が試みられているので紹介する。

3.11.2 医薬タンパク質生産用動物細胞のゲノム解析

医薬タンパク質生産用として最も多用されている動物細胞は，チャイニーズハムスター卵巣がん細胞（CHO 細胞）である。すなわち，CHO 細胞は，微生物で医薬品を生産する場合に多用される大腸菌や酵母に相当する。しかし，大腸菌や酵母に比べて CHO 細胞のゲノム解析はほとんど行われておらず，生産性改善の障害となっていた。

米国のグループは，CHO 細胞の cDNA マイクロアレイを構築し，発現解析を行い，高生産性を達成しようとしている[27]。また，国内でも，CHO 細胞の genomic BAC（bacterial artificial chromosome）ライブラリーを構築し，目的とする生産タンパク質遺伝子の組み込まれた染色体上の遺伝子増幅領域の解析などを試みようとしている[28]。

3.11.3 糖   鎖

抗体の場合も活性にはヒト型糖鎖を有することが望ましいため，糖鎖技術で抗体の活性を高め，投与量を減らす試みもなされている。

例えば，遺伝子組換えにより糖鎖修飾酵素を改変し，糖のうちフコースを低減することにより抗体依存性細胞障害活性（ADCC 活性）を従来の抗体に比べて約 100 倍高めるポテリジェント技術™ が開発されている。

高等真核生物による一般的なタンパク質への糖鎖付加反応様式を図3.34 に示す。例えば，ヒト細胞と CHO 細胞による糖タンパク質の糖鎖構造を調べてみると図3.35 に示すように，ヒト型と異なる糖鎖も CHO 細胞では付加されることがわかる。特に，CHO 細胞ではフコースが結合した糖鎖が多いため，CHO 細胞で糖タンパク質を生産する際にフコースが結合しないようにする必要があると考えられた。そこで，フコースを糖鎖に結合させる酵素である $\alpha 1,6$-fucosyltransferase（FUT 8）細胞内活性の操作がアンチセンスを利用して試みられている。CHO 細胞に FUT 8 および anti-FUT 8 遺伝子をそれぞれ導入した結果，FUT 8 導入株の中から FUT 8 活性が 1.4 倍に上昇した株，anti-FUT 8 導入株の中から活性が 0.7 に減少した株を構築することができた[29]。

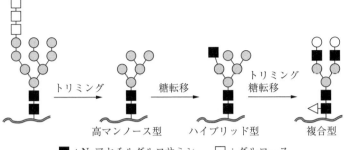

図 3.34 高等真核生物でのタンパク質への糖鎖付加反応様式

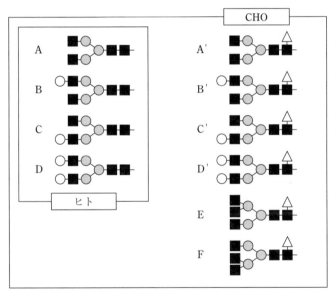

図 3.35 ヒト細胞および CHO 細胞における糖鎖構造の違い

　糖タンパク質が肝臓での分解を受けにくくなることを目指して，N-アセチルマンノサミンなどのシアル酸の前駆体となる糖を培地に添加することにより糖鎖にシアル酸を付与する試みがされている[30]。

3.11.4 動物細胞培養以外の動物タンパク質生産法

ヒト体内にある生理活性タンパク質と同じ高次構造と糖鎖を有する糖タンパ
ク質を，しかも，医薬品に必要な高度な安全性を確保して，もっとも確実に生
産できるのは，現在のところ動物細胞培養である。しかし，動物細胞培養によ
るタンパク質の生産コストが高いことから，他の方法も研究されている。これ
らを知ることは動物細胞培養工学の今後の課題を特定するためにも重要である
と考えられるので，以下に紹介する。

まず，糖タンパク質を生成できない原核微生物（細菌など）の場合は，高次
構造を再現すること自体が簡単ではないが，糖鎖を付与するとすれば精製した
タンパク質に試験管内酵素反応を適用するしかないと考えられる。

真核微生物の一つである酵母では，組み換え酵母を用いて種々の糖鎖を有す
る抗体を作成し ADCC 活性を調べ，最適な糖鎖付加システムの検討がされて
いる[31]。

植物体の育成は動物に比べて容易で，栽培あるいは培養にかかるコストは安
価であり，制御された閉鎖環境下でも大規模に行えることから，治療用糖タン
パク質の生産手段として期待されている。しかし，動物と植物では糖鎖付加経
路が異なり，植物では N 結合型糖鎖の末端にシアル酸が付加していない，複
合型糖鎖で高分枝構造を持たない，といった特徴がある。そこで，ヒト型 N
結合型高分枝型糖鎖を生合成する第 1 ステップとして，植物糖鎖には見られな
い β 1,4-ガラクトース残基を付加する経路を導入することが必要である。そこ
で，ヒト由来 β 1,4-ガラクトース転移酵素（GalT）cDNA をタバコ細胞に遺伝
子工学的に導入すると，細胞内糖タンパク質にガラクトース付加型糖鎖を得る
ことができた[32]。また，この GalT 発現タバコ細胞で抗体を生産すると，Gal
付加型糖鎖を持つ抗体が得られた[33]。さらに，これまでに N-アセチルグルコ
サミン糖転移酵素 V（GnT-III）なども導入されている[34]。また，植物ではシ
アル酸を合成することができないため，糖鎖にシアル酸を付加できないとされ
ているが，ヒトや微生物由来のシアル酸合成酵素・転移酵素を植物細胞に導入
し，植物でもシアル酸付加を実現すべく技術開発が試みられている[35],[36]。

　昆虫であるカイコはもともと生糸生産に用いられてきた歴史があり，飼育しやすく，小規模多品種生産にも向いていると考えられる。目的とするタンパク質を生産するには，まず，目的遺伝子を組み込んだバキュロウイルスをカイコに感染させる。物質生産用に品種改良された系統のカイコを使用すると，カイコ1匹から250 µg から1 mg 程度のタンパク質が得られる。また，ハイブリドーマ由来の抗体と同程度の活性と抗原特異性を有する抗体の生成も確認されている。ただし，抗体のヒト型糖鎖である α1,6 フコースの替わりに α1,3 フコースが結合した糖タンパク質ができる。

　さらに高等動物である鳥類では，ヒト抗体遺伝子を導入した遺伝子組換えニワトリの作出に成功し，鶏卵1個当り最大3 mg の蓄積が報告されている[37]。その後，別のグループにより，組み換え遺伝子がニワトリの生涯ではなく，卵に限って発現でき，さらに代を越えて継承される技術も報告されている。

　ヒトと同じほ乳動物ではヤギで実用化が進んでいる。組み換えヤギの乳汁中にはヒトタンパク質を2〜10 g/l 生産可能で，1頭のヤギは年間800 l の乳汁を生産するので，組み換えヒトタンパク質を1頭で年間1.6〜8.0 kg 生産できることになる。この方法で生産されたアンチトロンビン製剤が欧州で2006年に販売認可された。このほかにもウサギやウシでのヒトタンパク質の生産が検討されている。

第 4 章

自 己 組 織 化

4.1 自己組織化とは

　自己組織化とは，ランダムな状態にある構成要素が，その構成要素間に働く相互作用により自発的に（勝手に）秩序立った構造を形成する現象である。例えば，最もスケールの大きな自己組織化として，宇宙の天体がある（**図4.1**

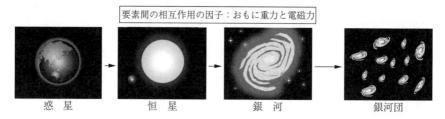

要素間の相互作用の因子：おもに重力と電磁力

惣　星　　　　　恒　星　　　　　銀　河　　　　　銀河団

（a）　宇宙天体にみる自己組織化

要素間の相互作用の因子：タンパク質　　　　要素間の相互作用の因子：物質勾配（酸素，グルコース等）

内部細胞塊

受精卵　　　　2細胞期　　　　胚盤胞　　　　　胎　児

（b）　ヒト発生にみる自己組織化

図4.1　宇宙天体とヒトの発生にみる自己組織化現象

（a））。われわれの住む地球のような惑星を最小の構成要素として，太陽系
（惑星系），太陽系のような恒星が集まった天の川銀河（銀河系），そして銀河
が集まった銀河団が秩序を維持しつつ，さまざまな形状，大きさを形作ってい
る。ここで，なぜ惑星が集まり太陽系が形成するのかを考えてみると，その構
成要素間の相互作用の力，すなわち少なくとも重力と電磁力が重要因子である
ことは容易に想像できる。つまり，自己組織化構造をなすには相互作用が必要
であり，その因子を解明し理解することが，物理，化学や生物などの自然科学
から，政治学，社会学や経済学などの社会科学まで多岐にわたる分野で重要課
題として位置付けられ盛んに研究が行われている。

　さて，細胞に話を戻す。細胞はわれわれの体を構成する最小単位である。受
精卵の段階で1個であった細胞が，分裂を繰り返しながら，内部細胞塊を経て
しだいに複雑な組織，臓器構造を形作る（図4.1（b））。これこそが細胞の自
己組織化である。そして，このときに働く因子の解明も生命科学における重要
課題である。細胞は遺伝子発現が機能の発現のための起点であるため，受精卵
の段階では遺伝子発現を調節するタンパク質が最重要因子となる。つぎに，細
胞分裂が進み内部細胞塊となった場合には，細胞塊内外での酸素，グルコース
やアミノ酸などの栄養分の勾配という物理的な要因も遺伝子発現に影響を与
え，さらに複雑な自己組織化が進んでいく（図4.1（b））。このような物理的
環境の変化も含めた因子による極めて複雑な遺伝子発現パターンの変化で自己
組織化による生体組織の成り立ちは制御される。宇宙の成り立ちよりも複雑で
解明が困難であるように思えるが，日々，世界中でその詳細な解明が試みられ
ている。一方で，細胞の自己組織化の理解が進むにともない，自己組織化をエ
ンジニアリングすることで病気の治療や創薬開発に活かす取り組みが盛んに行
われ始めている。

　そこで本章では，細胞の自己組織化を培養により誘導するための方法論を解
説し，その医療産業への応用に向けた取り組みについて紹介する。

4.2　自己凝集化と自己組織化

　図 4.1（b）に示したとおり，細胞の自己組織化の例として受精卵から内部細胞塊を経て，化学的，物理的なさまざまな因子によって複雑に遺伝子発現が生じながら進行し生体が形作られる。つまり，自己組織化の始まりは細胞の凝集化にある。ここで，動物細胞の凝集化では古くは 1907 年に H.V.Wilson がばらばらにした海綿の細胞が再び凝集し，その後に組織として再構築されることを観察したことが皮切だろう。さらに 1955 年には，Townes と Holtfreter が両生類の初期胚の異なる部分に由来する細胞をばらばらにして混ぜておくと，由来が同じ組織の細胞同士が集合する現象を報告している[1]。ヒトの発生においては，受精卵から胚盤胞の内部細胞塊が形成する段階での細胞凝集だけではなく，さまざまな段階で細胞凝集が臓器の形成の起点となっている。例えば，骨と軟骨組織が形作られる際には，間葉系幹細胞と呼ばれる幹細胞が凝集化した後に軟骨細胞への分化と軟骨形成が生じる。続いて，軟骨の一部が骨芽細胞に分化し，軟骨が徐々に骨化して骨軟骨組織が形成する（これを内軟骨性骨化という）[2]。したがって，自己組織化を培養にてエンジニアリングするにはまずは，自己凝集という因子を人工的に作り出し，細胞凝集塊を作製する必要がある。

4.3　自己凝集化の誘導法

　動物細胞の凝集塊を培養によって得るためにさまざまな方法が開発されている。基本的に，細胞の自己凝集は細胞-細胞間の接着により生じるため，第 2 章でも紹介したような培養担体に対して，細胞-細胞間の接着が細胞-担体間の接着を上回るような仕掛けが必要である。細胞を浮遊状態にして細胞-細胞間の接着を促す方法と，細胞-担体間の接着を介してから，凝集化を促す方法に大きく分けて解説する。

4.3.1 浮遊細胞の自己凝集化

（1） ハンギングドロップ法

ハンギングドロップ法は，その名のとおり水滴，すなわち細胞の懸濁液滴を吊り下げる方法である（**表4.1**，図5.15（a））。具体的には，培養皿の蓋の内側に細胞懸濁液を少量滴下し，蓋を逆さにして培養することで重力により細胞を液滴下部に沈降させることで，細胞-細胞間の接着が生じて液滴当りに一つの凝集塊が形成する[3]。特殊な試薬や機器を必要とせず，容易に凝集塊を作製できるため，胚性幹細胞（ES細胞）の胚様体形成に続く，自己組織化による器官形成に関する発生学的研究に多用されている。一方で，細胞数の揃った均一な凝集塊を作製するには熟練された操作が必要であることや，表面張力により維持できる液滴の体積には限りがあるため，細胞数が制限される。また，大量の凝集塊を要する再生医療や創薬試験などの産業応用には量産性において不向きである。

表4.1 浮遊細胞の自己凝集化現象を利用した細胞凝集塊の作製方法とその特徴

	培養工程	簡便性	均一性	量産性
ハンギングドロップ法	培養皿の蓋 / 細胞 / 細胞凝集塊	◎	△ 手作業による誤差	× 1個につき1回の播種操作
細胞低接着性培養器	細胞低接着培養器	○	○	△
浮遊回転培養法	攪拌羽根 / 細胞同士の接触により凝集塊が形成する	△	×	◎

（2）　細胞低接着性培養器

　培養皿に播種した細胞が培養皿の表面に接着できない場合には，細胞-細胞間の接着が生じて細胞が凝集化することが知られている。そこで，培養器の表面に Poly（2-hydroxyethyl methacrylate）や MPC ポリマー（2-Methacryloylethyl phosphorylcholine）のような細胞の接着を抑制するポリマーをコーティングする，または，培養皿の表面に細胞接着を抑制する酸素や窒素などの官能基をプラズマ放電処理により導入することで，培養液中の細胞を培養皿の表面に接着させずに浮遊状態に保つことで，細胞-細胞間の接着を促進して凝集塊を作製する方法が開発されている（表 4.1, 図 5.15（b））[3]。最近では，培養器の底を U 型や V 型に加工することで，播種したすべての細胞を確実にウェルの底部に集めウェル当り一個の均一な凝集塊が再現性良く得られるようなマルチウェルプレートが市販されている。一方で，この方法においては，凝集塊の数だけ細胞の播種操作を行う必要があり，産業スケールにて凝集塊を大量に作製する場合には量産性に優れない。

（3）　浮遊回転培養法

　第 3 章にて紹介したような，スピナーフラスコや回転式バイオリアクターを用いて凝集塊を作製することもできる（表 4.1）。攪拌羽根を用いてフラスコやタンク内の培養液に回転流を生じさせ，培養液中の細胞を一定頻度で接触させることで細胞-細胞間の接着を生み出し凝集化させる[3]。このような方法では，タンク容量を増やすことで容易にスケールアップできるため，凝集塊を 1 バッチに数万個レベルで量産することが可能であり，産業レベルでの応用に向いている。しかしながら，流体によるせん断応力が細胞を傷害する可能性もあり，積極的に改良が進められている。

4.3.2　接着細胞の自己凝集化

（1）　細胞外マトリックス

　ラミニンやコラーゲンなどの細胞外マトリックス成分は，生体内において生体組織の上皮と間質を隔てる基底膜に存在し細胞の自己組織化の足場となる。

マトリゲルと呼ばれる，ラミニン，IV型コラーゲン，ヘパリン硫酸プロテオ
グリカン，および成長因子タンパクを含むEngelbreth-Holm-Swarmマウス肉
腫から抽出した可溶化基底膜調製品が市販されており，この上に播種した細胞
の自己組織化が誘導されることが知られている。例えば，ヒト臍帯静脈内皮細
胞をマトリゲルの上に播種すると，細胞はマトリゲル上に接着した後，数時間
の培養の間に凝集化を経て，自己組織化を生じて網目状の毛細血管様の管腔を
形成する（図4.2（口絵1）（a））。この方法は，血管新生能力を評価する
キャピラリーアッセイとして血管生物学の研究に多用されている[4]。また，間
質細胞と肝癌細胞株を混合して，マトリゲル上に高密度に播種すると，細胞は
隙間なくマトリゲル上に接着した後，マトリゲルごと凝集化を生じて単一の腫
瘍組織を形成する（図4.2（口絵1）（b））。一方で，マトリゲルはヒトに対し
ては異物であるため，これを用いて作製した組織体の再生医療への利用につい
ては慎重に安全性を確認する必要があるだろう。

 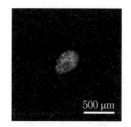

（a）　ヒト臍帯静脈内皮細胞の　　（b）　間質細胞と肝癌細胞株
　　　網目状管腔体　　　　　　　　　　からなる腫瘍様組織体

図4.2（口絵1）　マトリゲルを用いて誘導された自己組織化

（2）　バイオミメティックポリマー

　最近では，合成ポリマーを用いて細胞を培養皿の表面に接着させてから凝集
化を誘導する方法も研究されている。以下では，特に筆者らの研究を例として
紹介する。

　一般に，動物細胞の細胞膜表面に存在する糖鎖にはカルボキシル基や硫酸基
などの官能基が多く含まれ，細胞表面は負に帯電している。そこで，培養皿の

表面にアミノ基のような正に帯電する官能基を導入する，または Poly L–Lysine のような正に帯電した化合物をコートすることで，負に帯電する細胞が培養皿に付着しやすくなる。実際に，正電荷を帯びた培養表面に播種した細胞の接着効率は，負電荷，電荷無，および細胞外マトリックスをコートした培養表面よりも高いという報告もある[5]。ここで，筆者らは細胞の接着を促進する正電荷を帯びながら，細胞の糖鎖が持つ負電荷も帯びている培養表面では細胞の接着に変化が生じるのかを調べた。具体的には，正に帯電するポリマー（Poly(*N,N*–dimethylaminoethyl methacrylate)）と負に帯電するポリマー（plasmid DNA）を混合することでポリイオン錯体と呼ばれる錯体粒子を作製し，培養皿の表面上にコーティングした。このとき，正と負の電荷の比率は正負のポリマーの混合比率を変えるだけで容易に制御でき，表面ゼータ電位において約 $-30\,\mathrm{mV}$ ～ $+20\,\mathrm{mV}$ の負，中性から正荷電までの異なる帯電状態を培養皿の表面に生み出すことが可能であった（**図 4.3**）[6]。このような特殊荷電培養皿にラット脂肪由来の間葉系幹細胞を播種して一日培養して観察を行った（**図 4.4**）。細胞は負からおおむね中性電荷までの表面では接着して伸展した状態であったが，正電荷の表面では細胞は自己凝集化し，細胞の播種密度がおおむねコンフルエントよりも低い（$4 \times 10^5\,\mathrm{cells/cm^2}$ より低い）と網目状の，高い（$8 \times 10^5\,\mathrm{cells/cm^2}$ より高い）と単一の細胞凝集塊を形成することがわかった。このとき，細胞凝集塊の形成過程を詳しく経時的に観察してみると（**図 4.5**），細胞は培養

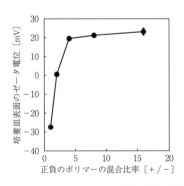

図 4.3 荷電ポリマーのコーティングによる培養皿表面の荷電状態の制御

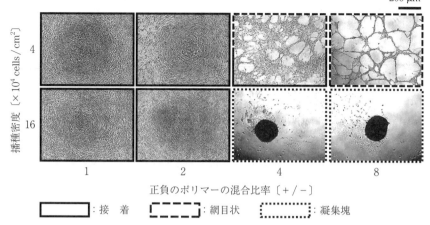

正荷電ポリマーの割合が 4 倍以上高くなると自己凝集化が誘導され，細胞の播種密度によって網目状構造体や球状凝集塊が形成した

図 4.4 荷電ポリマーをコーティングした培養皿表面で培養した間葉系幹細胞の自己凝集化

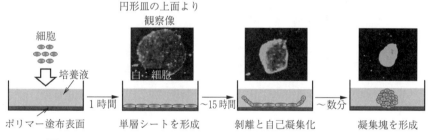

図 4.5 バイオミメティックポリマーを用いた接着細胞の自己凝集化機構

皿の表面に播種してから 1 時間後には接着して隙間のないシート状の細胞単層を形成した後，約 10〜15 時間後に細胞単層シートが培養皿の表面（正確には，コーティングしたポリマーの表面）から剥離すると同時に一斉に凝集化して単一の細胞凝集塊が形成していることが明らかとなった。そこで，筆者らは正負の両荷電を有し，かつ，正荷電の比率が負荷電の約 10 倍量多い正荷電の両イオン性共重合体ポリマー（Poly-(*N,N*-dimethylaminoethyl methacrylate-co-methacrylic acid)）をバイオミメティックポリマーとして合成した[8]。「細胞が一度接着してから自己凝集化する」バイオミメティックポリマーの塗布形状に

より，さまざまな形状を有する細胞凝集塊を作製できる。このポリマーは 0.1 ppm 以下の極めて希薄な低粘度の水溶液として培養皿にコーティングするため，インクジェット装置を用いて培養皿表面に印刷することも可能である（**図 4.6**（ａ））。細胞は，インクジェット装置でポリマーを印刷した部分にのみ接着してから凝集化するため，印刷形状に沿って凝集化した 3 次元の細胞凝集塊を 1 枚の培養皿上で印刷数分だけ得ることが可能となった（図 4.6（ｂ）（ｃ））。培養皿の表面に一度接着させることで，1 枚の培養皿で数百個の細胞凝集塊を得られる量産性に加えて，形状制御も可能となる。筆者らは，このようなバイオミメティックポリマーを用いた細胞の自己凝集化について，接着細胞の自己凝集化誘導法（CAT : cell-self aggregation induction technique）と名付け，4.4.1 項にて紹介するような組織工学への応用を展開している。

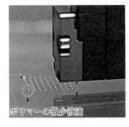  

（ａ）　ポリマーの印刷　　　（ｂ）　細胞単層形成　　　（ｃ）　凝集塊形成

図 4.6　インクジェット装置を用いた細胞凝集塊の形成

4.4　自己組織化を用いた組織工学／再生医療や創薬試験への応用展開

前節のような細胞凝集塊の作製方法にて得られる細胞組織体は，従来の組織工学で用いられてきたスキャフォールドと呼ばれる細胞の足場材料をほとんど含んでいない。したがって，そのようなスキャフォールドフリーの組織体を組織再生のための移植体として用いる場合には，生体親和性が高く異物反応や免疫反応が生じるリスクが少ないという利点がある。また，幹細胞を用いて自己

組織化を誘導した場合には，発生段階を模倣した，きわめて生体組織に近似した組織体が得られるため，創薬スクリーニング試験の培養モデルとしても有用であると考えられている。本節では，再生医療や創薬試験用途を指向した，細胞凝集塊から自己組織化を経た組織体作製について研究例を紹介する。

4.4.1　スキャフォールドフリー形状化組織の作製（5.5節も参照のこと）

（1）　軟骨リングの作製と気管再生への応用

軟骨組織は，軟骨基質と呼ばれるⅡ型コラーゲンやアグリカンなどの細胞外マトリックス成分が湿重量の約20〜30％を，軟骨基質によって保持される水分が約70〜80％を占め，細胞そのものの割合はわずか2〜5％程度にすぎない。つまり，軟骨組織の作製という点では，軟骨細胞を凝集させる際に形を整えておけば，あとはすでに最適化されている軟骨基質の産生を促す培養液中で培養することで凝集塊が軟骨基質を産生し硬い軟骨組織へと自己組織化する。以下では，4.3.2項（2）で解説したバイオミメティックポリマーを用いた軟骨細胞凝集塊の成形による形状制御された軟骨組織の作製例について紹介する。

気管は管状の臓器であり，約20個のリング状（正確には，リングの一部が欠けた馬蹄形と呼ばれる形状）の軟骨組織が管の周りに巻き付いた構造によって呼吸圧に耐え得る機械的強度が備わっている。したがって，ポリマー材料などのスキャフォールドを使わず気管を再生させるには，リング形の軟骨組織を作製することが必須課題であった。そこで，バイオミメティックポリマーを用いた接着細胞の自己凝集化誘導法（CAT）によりリング形の軟骨組織の作製を試みた（**図4.7**（a））。まずは，円形性（直径：6〜20 mm）に切り抜いたシリコーン板（厚さ：1 mm）を市販の細胞非接着培養皿の表面に貼付することで円形の培養部屋（チャンバーと呼ぶ）とし，その中央部に円形のシリコーン板（直径：2〜15 mm）を貼付することで，リング形のチャンバーを作り出した。チャンバー内の培養表面にCATを誘導するポリマーをコーティングした後，軟骨細胞をコンフルエントより高い密度で播種した。細胞は約1時間後に隙間のない細胞単層シートを形成した。細胞単層シートは，約10時間程度培

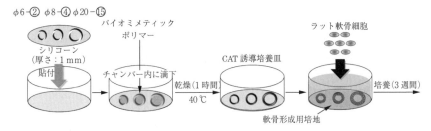

（a）　接着細胞の自己凝集化誘導法を用いたリング形軟骨組織作製のための培養部屋（チャンバー）の作製

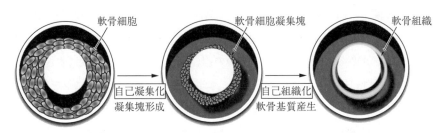

（b）　チャンバー内に播種した細胞の自己凝集・組織化によるリング形軟骨組織の形成機構

図 4.7　CAT によるリング形の軟骨組織の作製

養を続けた時点で培養皿の外縁部の表面から内側に向かって剥離すると同時に
凝集化することで収縮し，約1日後には，シリコーン円板の周囲に軟骨細胞の
凝集塊が巻き付くことでリング形の軟骨細胞凝集塊が形成した（図4.7（b））。
軟骨基質の産生を促す最適化された培養液，すなわち高グルコース含有の
DMEM 基礎培地に10％のウシ胎児血清と 10 ng/ml の Transforming growth
factor-beta1（TGF-β1）と 50 μg/ml の L-アスコルビン酸2-リン酸エステル三
ナトリウムを加えた培養液にて3週間培養を行うと，リング形の細胞凝集塊は
軟骨基質の産生と水分吸収による膨潤によってリング幅が約3倍に増大した硬
い軟骨組織へと自己組織化した。軟骨組織はピンセットを用いてシリコーン板
から取り外すことが容易であり，短軸引張破断試験においては，同程度の直径
を有するラット気管軟骨と同等以上の機械的強度を示した（**図 4.8**）。
　このようなリング形の軟骨組織は培養皿とシリコーン板のサイズを変えるだ
けで，少なくとも内径2 mm からヒト小児気管軟骨輪と同等の約 15 mm まで

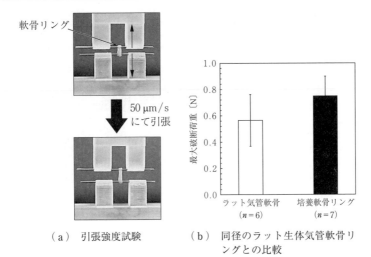

軟骨リング

50 μm/s
にて引張

（a） 引張強度試験

（b） 同径のラット生体気管軟骨リ
ングとの比較

図 4.8 軟骨リングの機械的強度試験

を容易に作製することができた（**図 4.9**）。また，軟骨リング同士を積層して
培養することで軟骨リング同士が融合した軟骨チューブを作製することもでき
た（**図 4.10**）。さらには，管状のコラーゲン成形体に巻き付けて培養するこ
とで，軟骨リングが一定間隔に並んで配された気管様組織体の作製にも成功し
ている（**図 4.11**）[9]。このような気管様組織体は再生医療への応用が期待され
るため，実験動物への移植実験による有効性の評価試験を実施している。

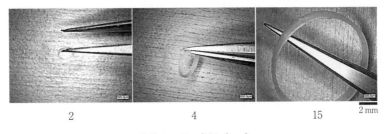

2   4   15   2 mm

軟骨リングの内径〔mm〕

図 4.9 接着細胞の自己凝集化誘導法を用いて作製した軟骨リング

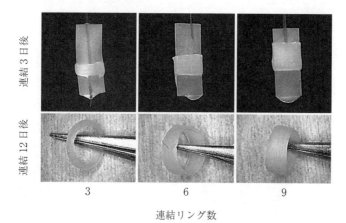

図4.10　軟骨リングの連結によって形成した気管様軟骨チューブ

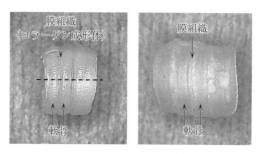

図4.11　管状のコラーゲン成形体と軟骨リングを用
　　　　いて作製した気管様組織体

（2）　骨格筋ファイバーの作製

　骨格筋は複数個の筋細胞が融合した筋管と呼ばれる多核化細胞が等方向に束
なった線維体（これを筋線維という）であり，その発生における自己組織化過
程は筋細胞同士の融合と多核化による筋管形成にあたる。ここで，骨格筋組織
を培養にて作製するには，やはり筋細胞の凝集塊を作製するところから始める
のだが，単に凝集塊にするだけでは筋管形成はランダムな方向で生じてしま
う。つまり，骨格筋組織の作製には筋細胞の筋管形成に続く線維束化を想定し
て線維状，すなわちファイバー状の細胞凝集塊を作製する必要があると考えら

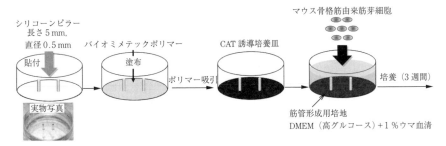

（a）　接着細胞の自己凝集化誘導法を用いたファイバー状骨格筋組織作製行程

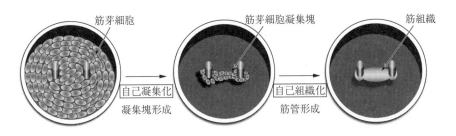

（b）　細胞の自己凝集・組織化によるファイバー状骨格筋組織の形成機構

図 4.12　バイオミメティックポリマーを用いたファイバー状の骨格筋組織体の作製

れる。そこで，著者らのバイオミメティックポリマーを用いたファイバー状の
骨格筋組織体の作製例について以下に紹介する（**図 4.12**（a））。

　培養皿（直径：35 mm）の中央部付近に 5〜10 mm 程度の間隔をあけて 2 本
のシリコーン製の柱（直径：0.5 mm，長さ：5 mm；ピラーと呼ぶ）を貼り付
けして立てた後，培養皿の底面全体にバイオミメティックポリマーをコーティ
ングした。マウス骨格筋由来筋芽細胞（C2C12 株）をコンフルエント以上の
密度で播種すると，細胞は 1 時間以内には培養皿の底面に隙間なく接着し細胞
単層シートを形成した。さらに培養を続けると，細胞単層シートは培養皿の外
縁部より内側に向かって剥離すると同時に凝集化を生じ，播種から 24 時間後
には 2 本のピラーの周囲に巻き付くことで，ピラー間にファイバー状の凝集塊
が形成した（図 4.12（b），**図 4.13**）。このようなファイバー状の凝集塊を成
す細胞はファイバーと等方向に配向しており，筋管形成を促す培養液，すなわ

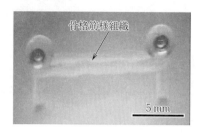

骨格筋様組織

5 mm

図 4.13 骨格筋ファイバー

ち高グルコース含有 DMEM 基礎培地に 1%のウマ血清を加えた分化培養液に
て約 3 週間培養することで筋管形成を生じて骨格筋様組織体へと成熟化した。
培養による自己組織化により得られる骨格筋組織体は，特に骨格筋の関連疾患
に対する創薬のための培養モデルとしての応用が期待されている。さらに，骨
格筋様組織体は力学的負荷を加えることで筋線維を成熟化（肥大化）し電気刺
激に応答した収縮運動をするため，最近ではバイオアクチュエーターとしての
応用を指向した研究も盛んに行われ始めている[10]。

4.4.2 器官原基の作製

前項では，生体組織から単離した初代培養細胞を用いた単一の細胞種からな
る組織体の作製例を紹介した。一方で，われわれの体は複数種の細胞からなる
組織が複合的に組み合わさった器官（臓器ともいう）によって機能している。
器官は，ES 細胞や人工多能性幹細胞（iPS 細胞）のような幹細胞を用いて作
製することができる。まずは，4.3 節にて解説した凝集塊の作製法を用いて幹
細胞を凝集化させる。これを目的器官への分化に最適化された培養液中にて培
養することで，凝集塊が発生の過程に沿って自己組織化を生じて器官が形作ら
れる。実際に笹井らは，胎内発生期に生じて器官の元となる器官原基（いわば
器官の芽である）と呼ばれる幹細胞の凝集塊を低接着培養皿の中で ES 細胞を
培養することで作製した。これを，脳を構成する細胞への分化に最適化された
培養液中にて培養することで自己組織化を誘導し，大脳皮質，下垂体や網膜な
どを世界に先駆けて作り出した[11]。また，辻らは上皮性幹細胞と間葉性幹細

胞の凝集塊を接触させながら培養することで，上皮間葉相互作用による発生過
程が生じて歯や毛包の器官原基が形成することを見出し，これらの移植により
歯と毛髪を再生させることにも成功している[12]。最近では，iPS 細胞を用い
て，肺，心臓，腎臓，膵臓，肝臓や腸管などの基となるさまざまな器官原基の
作製例が多数報告されている[13]。著者らも，4.3.2 項（2）にて解説したバイ
オミメティックポリマーを用いた接着細胞の自己凝集化誘導法において，iPS
細胞から軟骨原基（分化指向性軟骨前駆細胞）の凝集塊を作製し，培養により
立体的な軟骨組織を得ることに成功している[14]。さらにこのとき，バイオミ
メティックポリマーをドット円状に培養皿表面に大量に印刷した培養皿を用い
ることで，直径 3 cm 程度の培養皿 1 枚に対して数百個の球状軟骨を得ること
にも成功している（**図 4.14**）。

　以上のような器官原基から作製された，いわばミニ臓器は，生体の器官に極
めて近い構造と機能を有することから，再生医療をはじめ，創薬スクリーニン
グのための培養モデルとしての応用も高く期待され盛んに研究開発が進められ
ている。

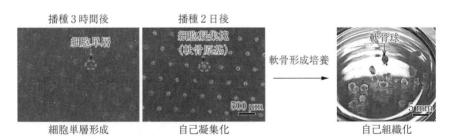

図 4.14　バイオミメティックポリマーのドット印刷表面におけるヒト iPS 細胞由来軟骨前
　　　　駆細胞の単層形成，自己凝集化に続く軟骨原基形成による軟骨球の創出

第5章

移植用細胞の効率的培養技術

5.1　セルプロセッシング工学とは

　動物細胞が分泌生成する生理活性物質を医薬品として開発・生産することを目指して，いかにして大量に効率よく安定して，動物細胞に生理活性物質を生産させるかという問題を解決するために，動物細胞培養プロセスに関する工学的研究・開発が開始された。2章，3章で述べた事項のほとんどは，その成果である（図5.1）。

　一方，1990年代後半から，種々の幹細胞とその分化・増殖の制御にかかわ

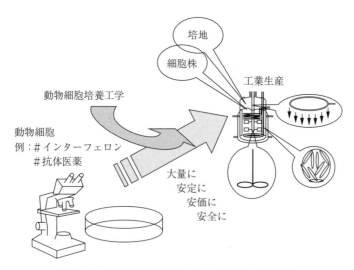

図5.1　医薬品生産を目的とした動物細胞大量培養

る多くの基礎的知見が急速に報告され始め，それらに基づく再生医療や細胞移植の実現が社会的にも期待された。

　しかし，これら移植にかかわる細胞培養プロセスで扱う細胞の大部分は細胞株ではなく初代細胞である。したがって，培養中に生じるさまざまな分化のため，培養中の細胞はけっして均一な細胞集団ではなく，ヘテロジェニックな細胞種の分布を伴う。さらに，その分布が経時的にも変化するといったきわめて複雑な細胞培養プロセスである。

　その上，移植にかかわる細胞培養プロセスの生産物（製品）は，従来の医薬品生産のための動物細胞培養工学とは異なり，細胞そのものである。すなわち，医薬品生産を目的とした細胞培養プロセスでは均一な細胞集団を増殖させ，分泌生成されたタンパク質を精製すればよいが，移植用の細胞培養プロセスでは増殖だけでなく細胞分化を厳密に制御する必要がある。

　したがって，医薬品生産を目的とした動物細胞培養プロセスの技術以外に，移植用動物細胞の培養プロセスに固有の技術が必要となる。移植用動物細胞の培養は分化を含めた"細胞加工"ということもできるので，移植用動物細胞培養プロセスに必要な技術全体を"セルプロセッシング工学"と呼ぶ（図5.2)[1]。

　セルプロセッシング工学には，2章，3章で述べた培養材料設計や大量培養

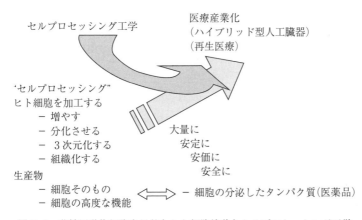

図5.2　移植用動物細胞を目的とした細胞培養とセルプロセッシング工学

技術ももちろん必要であるが，これら以外に，分化を含めた不均一な細胞集団を制御するための"移植用細胞の効率的培養技術"（5章）が必要である。また，細胞そのものをヒト体内に移植するために，生産物である細胞の品質に高度な安全性を確保する必要があることから，7章で述べる"移植用細胞培養の産業化技術"も必要となる（**表5.1**）。

表5.1 セルプロセッシング工学の課題

培養材料設計（2章）
　細胞設計
　培地設計
　細胞接着担体設計
　担体化学修飾
大量培養技術（3章）
自己組織化（4章）

移植用細胞の効率的培養技術（5章）
　3次元培養
　スフェロイド形成
　細胞分離法

移植用細胞培養の産業化技術（7章）
　細胞診断
　自動培養装置

5.2 細 胞 分 離 法

移植用動物細胞の培養では，一般に複数の種類の細胞が混在している，生体から採取した初代細胞を培養することが多いが，特定の細胞を分離してから培養を開始する必要がある場合がある。一方，初代細胞の培養後のヘテロジェニックな細胞集団から分離した特定の細胞だけを移植する場合も考えられる。このように，ヘテロジェニックな細胞集団から特定の細胞を分離する技術が必要である。

5.2.1 フローサイトメーターによるソーティング

1章でも触れたが，フローサイトメーターでは，浮遊化し，分散させた細胞

をノズルから1細胞ずつ流出させ，これにレーザー光を照射し，散乱光の強さにより細胞の大きさを測定したり，特定の波長の蛍光を発する細胞を識別したりできる（図1.10）。ノズルから流出し，測定された細胞を，測定結果によって2種類のサンプル管のどちらかに落下させて分取できる装置を，フローサイトメーターのなかでも特にソーターと呼ぶ。

　特定の細胞表面抗原に結合する蛍光標識抗体により細胞懸濁液を染色しておき，ソーターに流すと，この表面抗原を持つ細胞と持たない細胞に分離することができる。

　ソーターによる細胞分離は無菌的に行えるので，分離した細胞をさらに培養することもできる。抗体があれば種々の表面抗原に対応できるが，ソーターは高価であり（数千万円），処理速度も1秒間に1万個細胞程度であり，細胞の大量分離には適していない。さらに，抗体の結合による細胞活性への影響が無視できる場合に限られる。

5.2.2　免疫磁気分離

　抗体を利用して細胞表面抗原の有無を識別し，細胞を分離する方法の中でも，大量処理に適した方法として免疫磁気分離がある。免疫磁気分離には，直径約50 nm の磁性マイクロビーズを結合した抗体（磁気標識抗体）を使用する。

　細胞表面抗原に対する磁気標識抗体を細胞に結合させ，永久磁石をセットした分離カラムに流す。表面抗原を持ち磁気標識された細胞はカラムに保持され，表面抗原を持たず標識されていない細胞はカラムを通過する（ネガティブセレクション）。つぎに，分離カラムから永久磁石を外すと，磁気標識により保持されていた細胞が溶出される（ポジティブセレクション）。このようにして磁気標識細胞のフラクションと非標識細胞のフラクションを分離できる（**図5.3**）。

　磁性マイクロビーズは，微小なため細胞に対する機械的ストレスがなく，細胞機能や生存率にもほとんど影響を与えない。また，分離後にビーズを細胞か

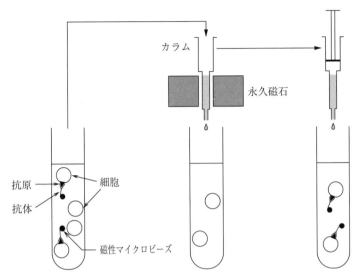

図 5.3　免疫磁気分離による細胞分離

ら外すことも可能である。

　10 万個細胞用から 10 億個細胞用まで各種キットがあり，大量分離にも対応可能である。簡単な手動操作で分離できるが，省力化のための自動分離装置（数百万円程度）もある。

5.2.3　水性二相分離

　細胞表面抗原を利用した細胞分離では，水性二相系分離も報告されている（**図 5.4**）。ここでは，温度応答性機能性高分子ポリ（*N*-イソプロピルアクリルアミド）（PNIPAM）が，ポリエチレングリコール（PEG）とデキストランからなる水性二相系において，PEG 相に特異的に分配することを利用している。PNIPAM によって修飾された細胞表面抗原に対する抗体を細胞に結合してこの二相系に加えると，修飾抗体と結合した細胞が PEG 相に特異的に分配され，抗体と結合しなかった細胞はデキストラン相にとどまる。

　PEG 相に分配した細胞は，緩やかな遠心場の適用によって二相界面に濃縮回収することもできる。この分離方法には特殊な装置を必要としない[2]。

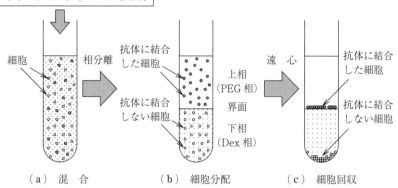

図5.4　PNIPAM修飾抗体を用いた水性二相系による細胞分離

5.2.4　密度勾配遠心

　末梢血，臍帯血などの血液や骨髄液には，造血幹細胞や間葉系幹細胞などの移植用培養に有用な単核細胞が含まれている。これらを利用するためには，血液や骨髄液に多量に含まれる赤血球を除去する必要がある。このように血液や骨髄液から単核細胞を分離する方法として，密度勾配遠心分離がある。

　密度の明確な市販のフィコール溶液（例えば，アマシャム社 Ficoll-Paque^{TM}，密度 1.077 g/ml）を遠心管に入れ，その上に血液や骨髄液を静かに

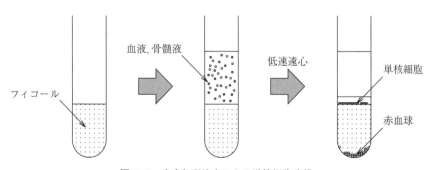

図5.5　密度勾配遠心による単核細胞分離

重層する。これを低速（400〜800 G）で遠心すると，赤血球は最下層に沈降するが，単核細胞は中間層に集まる（**図5.5**）。

フィコール溶液以外に特別なものはいらないが，中間層の採取操作など，自動化は困難と考えられる。

5.2.5　低　速　遠　心

病院などで移植を目的として，末梢血や臍帯血などの血液から赤血球を除いた血球成分を分離する際には，低速遠心分離が多用されている。CS-3000 Plus™（Baxter 社），Spectra™（COBE 社），AS 104™（Hemonetics 社）など，半自動装置が市販されており，ほぼ閉鎖回路で行えるので雑菌汚染の危険性が低い方法と考えられる。

5.2.6　接　着　分　離

骨髄間葉系幹細胞（MSC）を骨髄液から分離する際には，密度勾配遠心により骨髄液から単核細胞を分離する方法が一般的だが，接着性を利用して分離する方法も報告されている。

骨髄液に含まれる細胞のうち大部分を占める赤血球などの血液細胞は非接着性である。したがって，骨髄液を直接に培養器に播種し，培地交換を繰り返すと，これらの非接着性の細胞が除去され，接着性の細胞だけが残り，その約90％以上が間葉系幹細胞であるとされている。

具体的には，チュルク液を用いて骨髄液中の単核細胞数を計数し，5.0×10^5 cells/cm^2 程度の細胞密度となるように100ϕの細胞培養ディッシュに細胞増殖用培地を用いて播種する（**図5.6**）。播種後1日目にPBSでの洗浄と培地交換を行い，おもに赤血球などを多く含んだ浮遊性細胞を吸引除去する。2日目には培地交換のみを行い，播種後3日目には接着性の細胞をディッシュの一部で顕微鏡観察することができる。これ以降，適宜培地交換を行い，ディッシュ中のところどころに偏って増殖した接着性細胞のコロニーを観察できると，細胞をトリプシン処理ではがし，回収する。

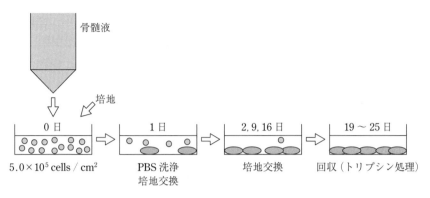

図 5.6　骨髄間葉系幹細胞の骨髄液からの接着分離

5.3 共　培　養

　動物細胞は本来生体内でさまざまな種類の細胞がたがいに作用しあって機能している。そのため，ある種類の細胞の機能を培養系において最大限に発揮させようとすると，生体内で周囲にあるほかの種類の細胞によるこの細胞への作用を，なんらかの方法により再現することが有効と考えられる。

　生体内における細胞どうしの一般的な作用には，可溶性サイトカインなどの液性因子を介したパラクリンと細胞どうしの接着による膜結合型サイトカインなどを介したジャクスタクリンに大別することができる。液性因子を介したもののうち，作用を及ぼす細胞と作用を受ける細胞が同じ場合を，特にオートクリンと呼ぶ（**図 5.7**）。

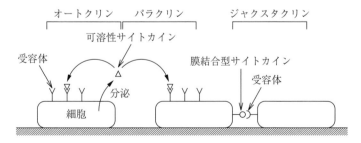

図 5.7　細胞どうしの作用の様式

これらの細胞どうしの作用を培養系で再現する方法の一つに，液性因子を培養液に添加したり，培養面にサイトカインを固定化しておく方法がある。しかし，これでは細胞どうしの作用のうちの一部しか再現できないことが多い。

細胞どうしの作用をより生体内に近い形で再現し，細胞のより高い機能を培養系で得るためには，異なる種類の細胞を混合して培養する方法，すなわち共培養が望ましい。

5.3.1 平面混合型共培養

最も単純な共培養方法としては，1種類の細胞をディッシュ底面に接着しておき，その上に2種類目の細胞を加えて共培養する平面混合型共培養がある（図5.8（a））。この際，あらかじめディッシュ底面に接着しておく細胞をフィーダー細胞と呼ぶ。典型的な平面混合型共培養であるDexter培養については5.6.1項で詳しく述べるが，骨髄ストローマ細胞をディッシュ底面に接着しておき，その上に造血細胞を加えて行う共培養である。

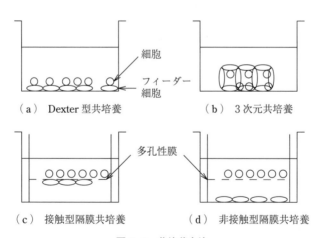

（a）Dexter型共培養　　　　（b）3次元共培養

（c）接触型隔膜共培養　　　　（d）非接触型隔膜共培養

図5.8 共培養方法

ヒト肝細胞を用いたハイブリッド型人工肝臓の構築には，ヒト肝細胞が大量に必要だが，肝細胞は体外ではほとんど増殖できない。そこで，共培養によるラット初代肝細胞の増殖が調べられた。ラット初代肝細胞との共培養に用いる

種々のフィーダー細胞の中で STO 細胞が総細胞数を最も増やせた。肝実質細胞密度は単独培養では少し減少したが，共培養では 5 日間で 2 倍以上に増えたことが判明した（**図 5.9**）[3]。

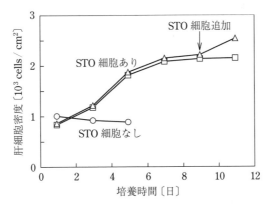

○：肝細胞単独培養，□：STO 細胞と肝細胞との共培養，
△：STO 細胞と肝細胞との共培養（9 日で STO 細胞を追加添加した）。

図 5.9 肝細胞増殖に対する STO 細胞の効果

培養皮膚の培養や ES 細胞の培養にもフィーダー細胞を用いた共培養が応用されている。

5.3.2　3 次 元 共 培 養

生体内で細胞どうしは立体的に配置されており，細胞どうしの相互作用も 3 次元的に行われている。そのため，多孔性担体への細胞接着やゲルへの細胞包埋を利用して 3 次元的な共培養を行うことにより，Dexter 型共培養のような 2 次元的な共培養では得られない効果が得られることがある（図 5.8（b））。骨髄ストローマ細胞と造血細胞との 3 次元共培養については，5.6.2～5.6.4 項で詳しく述べる。

5.3.3　隔 膜 共 培 養

前述の平面混合型共培養（Dexter 型共培養）や 3 次元共培養では，フィー

ダー細胞ともう1種類の細胞が混ざり合って培養が行われる。例えば、移植用
の表皮細胞の培養にマウス由来のフィーダー細胞との共培養が有効であるが、
培養で得られた表皮組織をヒトに移植する際にマウス由来のフィーダー細胞が
混入する可能性があり、安全上問題となっている。この問題を回避するために
は、2種類の細胞が混ざり合わないように共培養を行う必要がある。

　このために考案されたのが多孔性膜を用いた隔膜共培養である。隔膜共培養
用の培養器としては、小スケールであるが、ミリポア社（ミリセル™）とファ
ルコン社（セルカルチャーインサート™）から市販されており、多孔性膜の細
孔径も種々ある。

　隔膜共培養のうち、多孔性膜の下側表面にフィーダー細胞を接着し、その膜
の上側表面で2種類目の細胞を培養するのが、接触型隔膜共培養（図5.8(c)）
である。この場合、0.4 μm より大きい細孔径の多孔性膜を用いるとフィーダー
細胞の一部分が細孔を介して膜上側に侵入し、フィーダー細胞と2種類目の細
胞との直接的な接触が起こることが報告されている[4]。

　この隔膜共培養において、細孔径が 0.4 μm 以下の場合に未分化な造血細胞
の増殖がよい（**図5.10**）。これは、フィーダー細胞であるストローマ細胞と
造血細胞との直接接触によるジャクスタクリンがなく、ストローマ細胞が分泌
する液性因子によるパラクリンだけのほうが未分化造血細胞の増殖に適してい

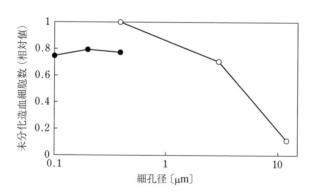

図5.10　隔膜共培養における細孔径が未分化
造血細胞数に及ぼす影響

るからであると考えられている（**図5.11**）。

　細胞どうしの直接的な接触によるジャクスタクリンは不要だがフィーダー細胞の分泌する種々の液性因子が必要である場合には，フィーダー細胞をウェル底面に，2種類目の細胞を多孔性膜上側の面でそれぞれ培養する，非接触型隔膜共培養（図5.8（d））も有効と考えられる。

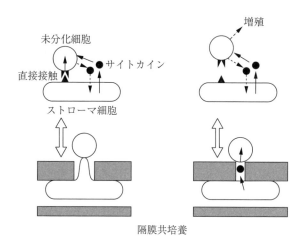

図5.11　隔膜共培養における細孔径が培養に影響する
　　　　　メカニズム仮説

5.4 3 次 元 培 養

　ディッシュ底面などに接着して動物細胞を培養する場合，細胞は平面的に存在するため，2次元培養と呼ぶ。これに対して，動物体内では動物細胞は上下左右など周囲を細胞に囲まれ，立体的に存在している。この状態を模倣して立体的に培養することを3次元培養と呼ぶ。

　2次元培養に比べて3次元培養では，細胞の機能が高くなることが多いが，これは細胞どうしの接着の頻度が高い，細胞周囲の細胞外マトリックスの量が多いなどの理由によると考えられている。また細胞を用いて立体的な組織を構築しようとする場合には3次元培養は特に重要な技術である。

　3次元培養には，細胞が充填された状態に近く細胞密度が非常に高い集塊培養とそれほど細胞密度が高くない3次元培養がある。前者の集塊培養には，スフェロイド培養，ペレット培養，胚様体培養などがあり，後者の例としてはゲル包埋培養や多孔性担体を用いた培養などがある。

5.4.1　スフェロイド培養

　細胞集塊（スフェロイド）の形成により肝細胞の機能が向上することがよく知られている。スフェロイドの作成方法としては種々の報告があるが，肝細胞が接着できない面に肝細胞を播種する方法が一般的である。例えば，寒天やアガロースなどをコーティングしたディッシュや，ポリウレタン多孔体への肝細胞の注入である。ただし，これらの方法ではスフェロイドの生成は偶発的で，スフェロイドの大きさの制御も困難である。

　ディッシュ底面上に直径5 mm程度の円形に生成された温度応答性ポリマー層（PNIPAM）の上に細胞を接着した後，温度を下げることにより円形の細胞シートを剥離，凝集させてスフェロイドを作成する方法がある（**図5.12**）。この方法では，スフェロイドの大きさを任意に制御できるだけでなく，凝集しにくい細胞でもスフェロイドを作成することができる。

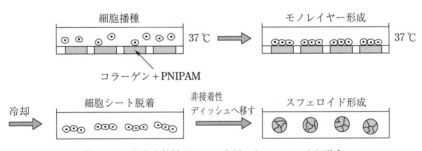

図5.12　温度応答性ポリマーを用いたスフェロイド形成

　肝実質細胞を培養基材に接着させずに，細胞懸濁液から直接肝細胞スフェロイドを誘導する方法も報告されている（**図5.13**）。すなわち，細胞の凝集を引き起こす水溶性合成ポリマー（Eudragit™）を人工マトリックスとして培地

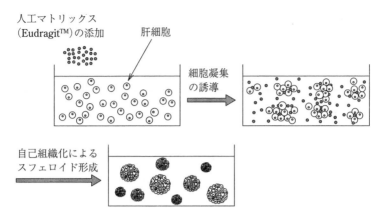

図5.13 人工マトリックス添加による肝細胞スフェロイド形成

に添加することで，細胞の凝集および自己組織化を促し，スフェロイドにする。単に培地中に人工マトリックスとなるポリマーを添加するだけでスフェロイド形成が誘導できるので非常に簡便であり，大量調製も可能である。非実質細胞を含むヘテロスフェロイドの作成も可能である[2]。

5.4.2 ペレット培養

軟骨組織特有の細胞外マトリックスであるⅡ型コラーゲンやアグリカンを軟

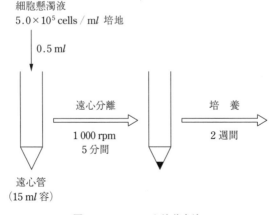

図5.14 ペレット培養方法

骨細胞が生成，蓄積するのに適した培養方法である。例えば，15 m*l* 容の遠心管に 2.5×10^5 個細胞を含む細胞懸濁液 0.5 m*l* を入れ，遠心分離して細胞を沈降させたままの状態で，遠心管を立てて培養する方法である（**図5.14**）。

5.4.3　胚様体培養

胚性幹細胞（ES細胞）の作成には，倫理的な問題や自家ES細胞作成の必要性など，実用的にはまだまだ課題が山積しているが，胚性幹細胞は培養器中でさまざまな細胞に分化する能力をもつ将来有望な移植用細胞源である。

ES細胞を培養器中で分化させる方法としては，分化と増殖を支持するフィーダー細胞層上で共培養する方法のほか，浮遊培養によって胚様体（EB, embryo body）と呼ばれる擬似的な胚を形成させる方法が知られている。後者では，培養器底面に接着しないように浮遊培養し，細胞塊（胚様体）を形成すると，その後，さまざまな種類の細胞に分化することが知られている。胚様体は，二重の細胞層からなるボールのような構造をもち，外層は近位内胚葉，内

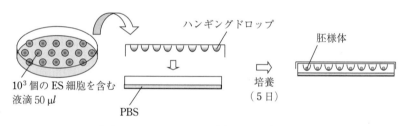

（a）　ハンギングドロップ法による胚様体形成

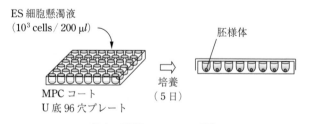

（b）　MPCコーティング法

図5.15　ハンギングドロップ法およびMPCコーティング法による胚様体作成

層は胚体外胚葉に相当する。

　大きさが制御された多数の胚様体を作成する方法として，ハンギングドロップ法とMPCコーティング法がある（**図5.15**）。ハンギングドロップ法は，ディッシュのフタにES細胞（10^3個）を含む培地 50 μl を液滴となるようにおき，液滴が表面張力でフタに張り付くことを利用して，ディッシュにかぶせて，静かに培養を行うものである。

　MPC（2-Methacryloyloxyethyl Phosphorylcholine）をコーティングし，細胞が接着しないようにしたU底96穴プレートにES細胞の懸濁液を播種して培養するだけで，より簡便に胚様体が形成されることが報告された。この方法では培養中でも顕微鏡観察が可能であり，ハンギングドロップ法に比べて均一な大きさの胚様体を多数形成することができる[5]。

5.4.4　ゲル包埋培養

　網目構造を有する高分子ゲルの格子の中に動物細胞を固定化して培養する方法である。代表的なゲルとしてアルギン酸とコラーゲンがある。

　アルギン酸は海藻から抽出される酸性多糖であり，カルシウムのような多価金属イオンと接触すると容易にゲル化する。EDTAなどのキレート剤があるとゲルが崩壊するので注意が必要である。

　細胞外マトリックスでもあるコラーゲンの中でも酸可溶性のⅠ型コラーゲンはゲル包埋培養に最も多用される。これは中性付近の pH で 37℃ に加温すると繊維が形成されゲル化する。したがって，Ⅰ型コラーゲン溶液を低温下で中性にし，細胞と混合後 37℃ に加温することにより細胞活性に大きく影響することなく，コラーゲンゲル中に細胞を包埋できる（**図5.16**）[6]。

　コラーゲン分子を形成するらせん部の両末端には，らせん構造を形成していないテロペプタイドと呼ばれる部分がある。この部分を酵素処理により切断，除去したアテロコラーゲンは，抗原性が低いため，移植用細胞の培養に適している。

　細胞培養用のコラーゲンは従来，ウシやブタなどの皮由来であったが，動物

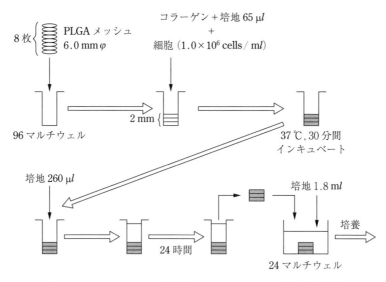

図5.16 PLGAメッシュを併用したコラーゲンゲル包埋培養方法

由来病原体の混入の恐れがある。そこで近年，ほ乳動物以外のサケなどに由来
するコラーゲンが注目されている。

5.4.5　多孔性担体を用いた3次元培養

　多孔性担体については2章で説明した。多孔性担体の表面および内部に動物
細胞を接着することにより，細胞密度が高くなるだけでなく，3次元組織を構
築できる。

　これまで述べた3次元培養法，すなわちスフェロイド培養，ペレット培養，
胚様体培養，ゲル包埋培養では，それぞれの内部への物質移動は拡散によるし
かないので，物質移動律速にならないようにそれぞれの大きさに注意する必要
がある。これに対して，多孔性担体を用いた3次元培養では，内部孔に細胞を
完全に充填しない限り，3次元培養内部でも内部孔を利用した対流による物質
移動を確保できる。したがって，他の3次元培養法に比べて物質移動律速にな
る可能性が低い。

　次節で，多孔性担体を用いた造血細胞の培養例を詳しく説明する。

5.5　スキャフォールドフリー培養による骨軟骨様組織作成と保存

5.5.1　は　じ　め　に

骨髄液から間葉系幹細胞（MSC：mesenchymal stem cell）を分離後，増殖，分化，三次元化させてから体内に移植する関節軟骨の再生治療方法において，安全性の確保のために，スキャフォールドを用いない三次元軟骨組織作成方法が検討された。しかし，スキャフォールドフリーの三次元培養方法には，遠心管ペレット培養法や撹拌浮遊培養法，U 底 96 ウェルプレートを用いた方法や擬似的な無重力環境を利用した浮遊培養法などがあるが，これらの方法で作成できる軟骨組織は，移植に適しているといわれる一定の大きさや形状（直径約 5 mm，厚さ約 2 mm の円盤形）ではない。

5.5.2　軟骨細胞と隔膜培養器を用いた軟骨様遠心シート作成

ブタ初代膝関節軟骨細胞を用い，スキャフォールドを用いずに十分な大きさで形状が一定な軟骨様シートを作成する方法を検討した。

すなわち，10% FBS 含有 DMEM-HG 培地を用いて作成したブタ初代軟骨細胞懸濁液を浮遊培養用および接着培養用 96 ウェルプレート（$0.32~\text{cm}^2$）あるいはセルカルチャーインサート（CCI，$0.32~\text{cm}^2$）に入れ，遠心分離（$200 \times g$，5 分）の後，37℃，5% CO_2 雰囲気下で 3 週間培養し，供試細胞数（6.2，18.6，31.0×10^5 cells/well）に応じた頻度（1 日ごと，2 日ごと，1 週間ごと）で培地交換を行った。培養終了後，細胞数はトリパンブルー染色法，sGAG 蓄積量を DMMB 法でおのおの測定したほか，シートの厚みをシート湿重量実測値および軟骨組織密度（$1.14~\text{g/cm}^2$），ウェル直径を用いて算出した。

その結果，浮遊培養用 96 ウェルプレートを用いた培養では軟骨細胞シートが培養中に縮んでしまったが，接着培養用 96 ウェルプレートを用いた培養ではウェルに沿って均一な円盤に近い形を保った軟骨細胞様シートが作成でき

た。接着培養用 96 ウェルプレートを用いて供試細胞数を増加させた場合（6.
2 → 31.0 × 10^5 cells），軟骨細胞様シートの厚みは約 8 倍に増大したが，sGAG
蓄積量は約 30% まで減少した。これに対して，CCI を用いて膜上で軟骨細胞
様シートを作成した場合，96 ウェルプレートを用いた場合と比べて，厚みは
最大で約 5 倍に，sGAG 蓄積量は最大で約 2 倍に増大し，供試細胞数の増大に
応じて sGAG 蓄積量も増大した。CCI の使用による上下両方向からの培地成
分供給が好適な条件であった可能性が考えられた。

5.5.3　MSC と隔膜培養器を用いた軟骨様遠心シート作成

　軟骨細胞の代わりに，MSC および MSC の軟骨細胞への分化用培地を用い
て前項と同様に MSC を隔膜培養器で培養することで，スキャフォールドを用
いることなく，軟骨分化と三次元化が同時に行えるのではないかと考え，MSC
とマルチウェルを用いたシート培養による軟骨シート作成方法を検討した。

　すなわち，ヒト骨髄由来 MSC をデキサメタゾン，TGFβ3，IGF1 および
ITS^{TM} + Premix を含む軟骨分化用無血清培地を用いて 96 ウェル（0.32 cm^2）
または CCI（0.32 cm^2，孔径：0.4 μm）に入れ，遠心分離（200×g，5 分）後，
37℃，5% CO_2 雰囲気下で 3 週間培養した。

　MSC（6.2 × 10^5 cells）と 96 ウェルを用いた培養では遠心の有無にかかわ
らず細胞シートは収縮した。CCI を用いた遠心後の培養では，細胞数を 6.2 ×
10^5 cells から 18.6 または 32 × 10^5 cells へ増大させるとシートの収縮が緩和さ
れた。MSC（18.6 × 10^5 cells/well）を CCI に入れて 3 週間培養した結果，遠
心の有無の各条件において，細胞数 11.7 ± 2.2，13.0 ± 0.8 × 10^5 cells，アグ
リカン発現率 150 ± 85，167 ± 46% と従来法であるペレット培養と比べても
劣らぬ良好な分化が認められ，シート厚みも 1.05 ± 0.24，0.87 ± 0.18 mm
となった。したがって，MSC と軟骨分化用培地を用いて CCI 内で培養するこ
とにより軟骨様シート作成が可能であることが示された[7]。さらに，分化用培
地に FCS またはヒト血清（HS）のいずれかの血清を 5% 程度添加すれば，
シートの収縮がより確実に防げることも判明した（**図 5.17**（a））[8]。

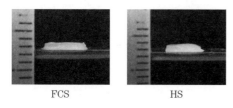

FCS　　　　　　　HS

（a）　シートの側方写真（目盛は 1 mm）

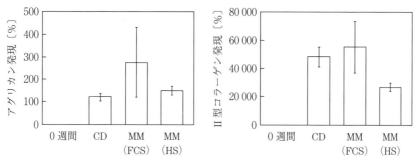

（b）　アグリカン遺伝子発現度　　　　　（c）　Ⅱ型コラーゲン遺伝子発現度

ゼノフリー原料で増殖した MSC および種々の分化誘導培地（CD：通常の無血清分化培地，MM（FCS）：CD と 10% FCS 増殖培地との等量混合培地，MM（HS）：CD と 10% ヒト血清増殖培地との等量混合培地）を用いて軟骨様細胞シートが調製された。

図 5.17　ゼノフリー条件で増殖した MSC を用いて調製した軟骨様細胞シート

5.5.4　軟骨細胞と隔膜培養器および TCP を用いた骨軟骨様構造体作成

　培養軟骨組織の移植では移植組織と欠損部周辺の生体組織との生着性も重要な課題とされており，培養軟骨様組織のみを移植した場合，生着するまで糊などで固定する必要があった。一方，軟骨同士より骨同士の方が結合しやすいことから，軟骨下骨に相当する骨材料に培養軟骨様組織を結合させた培養骨軟骨様組織を作成して移植することにより移植組織を迅速に生着できると考えられた。そこで，スキャフォールドフリー軟骨様細胞シートと骨材料である βTCP を一体に組み合わせた骨軟骨様構造体を提案し，作成方法を検討した（**図 5.18**）。

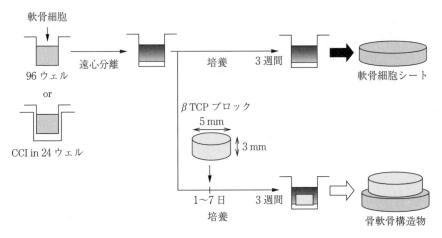

96 ウェルおよび 24 ウェルに装着された CCI に軟骨細胞を入れ，遠心分離後に 3 週間培養した。場合によっては，1 〜 7 日後のシート上に βTCP ブロックをのせた。

図 5.18　βTCP を用いた骨軟骨様構造物作成

　ウシ胎児血清（10 %），アスコルビン酸リン酸エステル（50 mg/*l*）を含む DMEM-HG 培地を用いたブタ軟骨細胞懸濁液（9.3 × 10^6 cells/m*l*）200 μ*l* を 96 ウェルに入れ，室温で 200×g（1 154 rpm），5 分間遠心分離した後，培地を 100 μ*l* 加えて，37℃，5 % CO$_2$ 雰囲気下で静置培養し，円盤状のスキャフォールドフリー軟骨様細胞シートを作成した。培養開始 1〜7 日後，βTCP 円柱体ブロック（Osferion^{TM}，オリンパス，直径 5 mm，高さ 3 mm）をシート上面中央にのせ，2 日ごとに全量培地交換し，合計 3 週間培養した。

　その結果，細胞シート培養 1 日後に βTCP をのせて合計 3 週間培養した場合，sGAG 蓄積量は βTCP をのせなかった細胞シートの場合と比べて有意差はなかったことから，βTCP は細胞シートの sGAG 蓄積量に影響を与えないと考えられた（**図 5.19**（g））。なお，培養前に遠心分離を行うことで細胞シートの厚みが均一になることがわかった（図（a）〜（d））。細胞シート培養 5 〜 7 日後に βTCP をのせて合計 3 週間培養した結果，培養 1〜4 日後に βTCP をのせた場合に比べて βTCP 内に入り込んだ細胞シート部分の厚みは小さく，βTCP より上の細胞シート部分の厚みは大きかった（**図 5.20**）。また，細胞

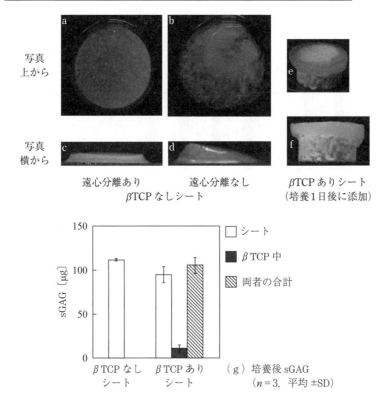

写真上から / 写真横から

遠心分離あり βTCPなしシート　　遠心分離なし　　βTCPありシート（培養1日後に添加）

（g）培養後sGAG（n=3, 平均±SD）

96ウェル中の軟骨細胞を遠心分離あり（a, c）, なし（b, d）で3週間培養した。軟骨細胞（18.6×10^5 cells）を96ウェル中で遠心分離の後3週間培養中, 培養1日後にβTCPをのせたシートの上（e）と横（f）から見た写真。βTCPなしのシートのsGAG密度は7.50 mg/mℓ。

図5.19　遠心分離およびβTCPブロックが細胞シート形態やsGAG蓄積に及ぼす影響

シート培養1〜6日後にβTCPをのせた場合は細胞シートとβTCPが結合していたが, 培養7日後にβTCPをのせた場合は作成した構造体の約36%において細胞シートとβTCPが結合していなかった。すなわち, βTCPをのせる時期が早い方が, βTCPに入り込む細胞シート部分の厚みが増え, βTCPと細胞シートの結合強度が増加する傾向が認められた。しかし, βTCPをのせる時期がいずれの場合でもβTCP上の細胞シート部分の厚みは240 µm以下であり, 移植用（2 mm）にはさらに厚くする必要があると考えられた[9]。

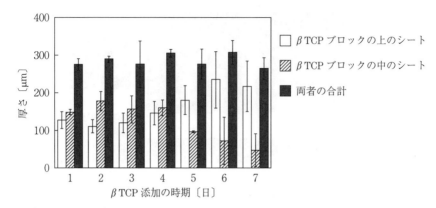

96 ウェル中の軟骨細胞（18.6 × 10^5 cells）を遠心分離後 3 週間培養する途中の種々のタイミング（1, 2, 3, 4, 5, 6, 7 日）で，βTCP ブロックをのせた。βTCP ブロックの上のシートと中のシートの各厚みを切片から求めた。

図 5.20　*βTCP をのせるタイミングが細胞シートの厚さに及ぼす影響*
（*n* = 3，平均 ± SD）

5.5.5　MSC と隔膜培養器および TCP を用いた骨軟骨様構造体作成

　MSC を用いたスキャフォールドフリー軟骨様シートに βTCP ブロックを組み合わせた骨軟骨様構造体の作製法を検討した。すなわち，ヒト骨髄由来 MSC を 24 ウェルプレート中にセットした CCI（0.3 cm^2，孔径：0.4 µm）に入れ，デキサメタゾン，TGFβ3 および IGF1 を含む軟骨分化用無血清培地を用い，37 ℃，5% CO_2 雰囲気下でシート培養を開始した（**図 5.21**（a））。その 1 日後に βTCP ブロックをシート上にのせてさらに培養した（図（b））。作製した骨軟骨様構造体の垂直方向の切片を用いて細胞シートの厚み測定（**図 5.22**（口絵 2）（a）〜（d））とアルシアンブルー染色を行う（図 5.22（e）〜（h））とともに，分化の指標として Ⅱ 型コラーゲンとアグリカンの遺伝子発現率を測定した（**図 5.23**）。ここで，βTCP ブロック付細胞シート培養において，細胞数およびアグリカン発現は，はじめから単調に減少および増加したが，Ⅱ 型コラーゲン発現は，1 週間後から増加を開始することがわかった（**図 5.24**）。

　実験の結果，MSC と βTCP ブロックを用いて 3 週間培養すると，細胞シー

（a）　βTCPブロックなし

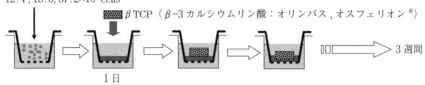

（b）　1日後にβTCPブロックをシートの上にのせる

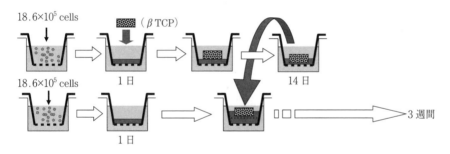

（c）　別のシートに積層

（a）マルチウェルプレート中にセットしたCCIにMSCを入れ3週間培養する。（b）1日後にβTCPブロックをシートの上にのせる。（c）βTCPブロックをのせて14日培養したシートを，1日だけ培養した別のシートの上にのせて，3週間になるまで培養する。

図5.21　MSCとβTCPを用いた種々の骨軟骨様細胞シート作製方法

トとβTCPブロックが一体となった骨軟骨様構造体が得られ（図5.22（口絵2）（c）（d）（g）（h）），その中の細胞のアグリカン発現率は141 ± 8%と良好だった（図5.23）が，ブロックの上の軟骨層は薄かった（0.1 mm以下）（**図5.25**）。そこで，細胞数を18.6×10^5 cellsから37.2×10^5 cellsへと増加させて3週間培養を行ったところ，ブロック内の軟骨層の厚み（図5.25）および遺伝子発現は増加したが，ブロック上の軟骨層の厚みはほとんど増加しな

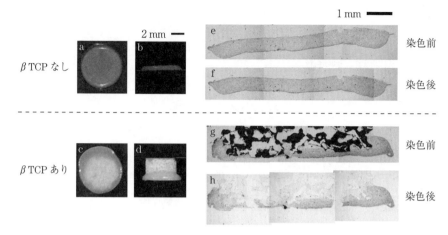

上側写真　　横側写真　　アルシアンブルー染色前後の垂直切片の写真

βTCP なし（a，b，e，f）または，あり（c，d，g，h）で，細胞シート培養を行った。生製成した構造物の上側（a，c），横側（b，d）の写真。アルシアンブルー染色なし（e，g）またはあり（f，h）の垂直切片。（g）の黒い部分は残存した βTCP。

図 5.22（口絵 2） MSC と βTCP ブロックを組み合わせて作成した骨軟骨様構造物

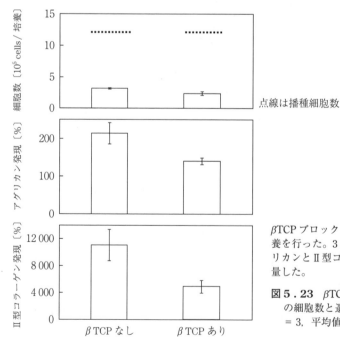

点線は播種細胞数

βTCP ブロックなしとありで細胞シート培養を行った。3 週間後，細胞数およびアグリカンと II 型コラーゲンの遺伝子発現を定量した。

図 5.23 βTCP ブロックが細胞シート中の細胞数と遺伝子発現に与える影響（n = 3，平均値 ± SD）

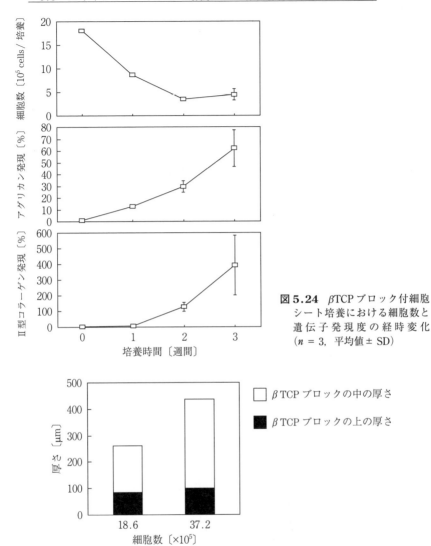

図 5.24 βTCP ブロック付細胞
シート培養における細胞数と
遺伝子発現度の経時変化
(*n* = 3, 平均値 ± SD)

18.6 または 37.2 × 10^5 cells の細胞と βTCP ブロックを用いて 3 週間細胞
シート培養を行った。作製された細胞シートの βTCP ブロックのうち, 上
と中の各厚さを切片を用いて測定した。

図 5.25 播種細胞数が細胞シートの厚さに及ぼす影響

かった（図 5.25，**図 5.26**）。そこで，MSC シート（18.6 × 10^5 cells）に
βTCP ブロックをのせて 14 日間培養後，培養開始一日後の別の MSC シート
（18.6 × 10^5 cells）を積層させて 12 ウェルプレート中でさらに 7 日間培養した
（図 5.21（c））結果，細胞シート同士が結合し，βTCP ブロック上の軟骨層の
厚みが積層なしの場合に比べて約 3.95 倍に増加した（**図 5.27**）。これらの結
果より，骨軟骨様構造体の初発細胞数を増加させるとともに，培養中に別の細
胞シートを積層することにより，βTCP ブロック内，ブロック上の両方の軟骨
層の厚みを増大させ得る可能性が示された[10]。

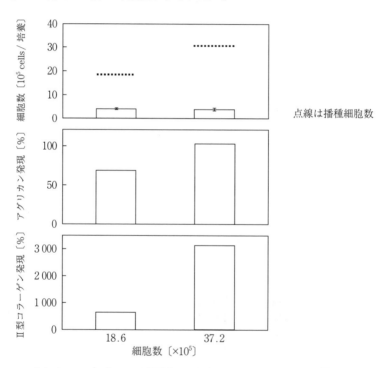

18.6 または 37.2 × 10^5 cells の細胞と βTCP ブロックを用いて 3 週間細胞シート
培養を行った。作製した細胞シートの細胞数および細胞の遺伝子発現度を測定
した。

図 5.26　播種細胞数が細胞シートの細胞の遺伝子発現強度に及ぼす影響

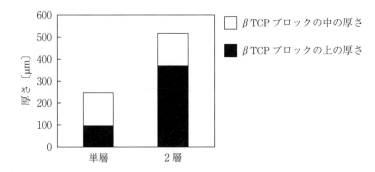

【単層】MSC（18.6×10^5 cells）を CCI に入れ 24 ウェルプレートにセットして培養開始した 24 時間後に，βTCP をのせて 3 週間まで培養した。
【複層】MSC（18.6×10^5 cells）を CCI に入れ βTCP とともに 2 週間培養した細胞シートを，播種して 1 日後の細胞シートの上にのせて 12 ウェルプレート中で 3 週間まで培養した。作製された細胞シートの βTCP ブロックの上と中の各厚さを切片によって測定した。

図 5.27　細胞シートの層数が細胞シートの厚さに及ぼす影響

5.5.6　軟骨様シートの保存

　骨髄中の間葉系幹細胞（MSC）に注目し，CCI という培養面が多孔性膜になっている培養器を用いることによって，細胞の足場となるスキャフォールドを用いずに MSC のみを用いて軟骨様細胞シートを作製できることを示した。しかし，移植前のシートの感染検査のみで 2 週間を要するため，作製したシートの保存方法を検討する必要があった。そこで，軟骨様細胞シートモデルとしてのブタ軟骨ディスクの低温保存中において，細胞外マトリックスの減少を緩和する方法を検討した（**図 5.28**）。

　ブタ膝関節から採取した軟骨ディスク（直径 6.5 mm，厚さ約 1 mm）を，無血清 DMEM-LG 培地に Epigallocatechingallate（EGCG，1 mM）または Quercetin-3-glucoside（Q3G，0.01 mM）を添加した培地中に 4℃ で 2 週間保存した。保存の前後で軟骨ディスクについて湿重量，直径，厚さ，コンプライアンスの測定（図（a）～（d））および軟骨特有の細胞外マトリックスであるアグリカン（sGAG），Ⅱ型コラーゲンの定量を行った（図（e）（f））。

　その結果，保存前のアグリカン量を 100% とすると 2 週間後のアグリカン量

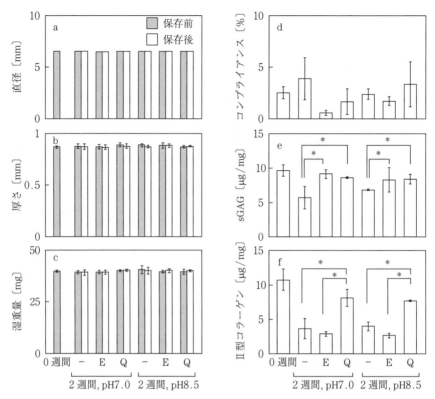

EGCG（1 mM）またはケルセチン（Q，0.01 mM）を含有する培地（pH7.0，8.5）に軟骨ディスクを冷蔵保存（4℃，2 週間）した。ディスク直径（a），厚さ（b）と重量（c）を保存の前と後に測った。また，コンプライアンス（d）と sGAG 含量（e），Ⅱ型コラーゲン含量（f）もディスク保存の前後に定量した。図中の"‒"は添加物なし，E は EGCG 添加，Q は Q3G 添加を示す。

図 5.28　軟骨ディスクの 2 週間冷蔵保存に与える EGCG およびケルセチンの影響
（$n = 3$，平均値 ± SD，＊ $p < 0.05$）

は添加物なし，EGCG，Q3G を添加でそれぞれ約 69，84，85％となり，Q3G は過去に報告のあった EGCG の添加と同様に有意にアグリカンの減少を抑えることができた（図（e））。また，2 週間後のⅡ型コラーゲン量は pH7.0，8.5 での保存のいずれにおいても，添加物なしや EGCG 添加ではおのおの 0 週間の 44，31％と顕著に減少したのに対して，Q3G 添加では 87％と減少を大幅に抑えることができた（図（f））。また，EGCG と比べた Q3G のこの優位性

は4週間の保存でも確認された（図5.28）。以上より，抗酸化作用による保存
効果の報告があったEGCGに比べて，抗酸化作用に加えてナトリウムポンプ
促進作用の報告もあるQ3Gの方が，アグリカン減少の抑制のみならずⅡ型コ
ラーゲンの減少も顕著に抑えられたと考えられた[11]。

5.6　3次元共培養による造血前駆細胞の体外増幅 [1]

5.6.1　造血細胞の体外増幅

　造血幹細胞や造血前駆細胞の自己複製と分化・増殖が骨髄中で行われ（図
1.8），分化した成熟血球は血液中へ定常的に供給されているが，骨髄中にある
接着性の造血支持細胞（ストローマ細胞）と造血細胞との接触，サイトカイン
や細胞外マトリックスなどがこの造血プロセスを調節していると考えられてい
る（**図5.29**）。

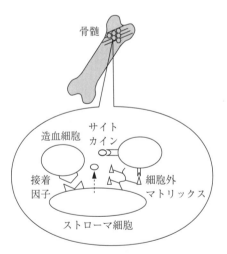

図5.29　骨髄中における造血細胞の
増殖，分化の制御

　一方，放射線や化学療法を受けたがん患者や白血病患者ではこのしくみに問
題があるため，救命のために造血細胞移植として骨髄移植が行われている。し
かし，組織抗原が適合するドナーの数が少ない，ドナーの負担が大きいなどの
問題がある。これに対し，骨髄液に比べて採取が容易な臍帯血造血細胞の移植

が期待されているが，臍帯血に含まれる造血前駆細胞数が骨髄液に比べて少ないため，移植後の造血回復，特に好中球や血小板の増加が遅れるという問題がある。

　そこで造血幹細胞や造血前駆細胞を体外で培養して増幅することが試みられてきた。まず，古典的な造血細胞培養法であるDexter培養法（**図5.30**（a））では，ディッシュ底面上に2次元的（平面的）に形成されたストローマ細胞層

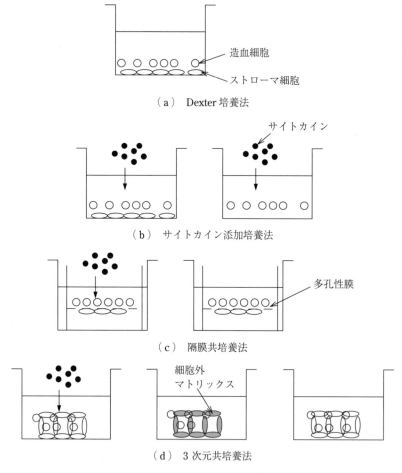

（a）　Dexter培養法

（b）　サイトカイン添加培養法

（c）　隔膜共培養法

（d）　3次元共培養法

図5.30　種々の造血細胞培養法

の上で造血細胞との共培養を行うが，幹細胞や前駆細胞のような未分化な造血細胞の増幅はほとんど見られず，分化の方向も偏っている。

このほかにも体外での造血幹細胞や造血前駆細胞の増幅培養が数多く試みられているが，ほとんどすべての例で高価なサイトカインを大量に添加する必要がある（図（b））。

一方，造血支持能の高い種々のストローマ細胞株が開発されているが，そのほとんどがマウス由来である。したがって，ヒト造血細胞とマウスストローマ細胞とが直接に接触しない隔膜共培養法が提案され（図（c）），使用する膜の細孔径についての最適化もなされている（図5.8参照）。

他方，骨髄構造を模倣した3次元培養も種々検討されているが（図5.30（d）），そのほとんどはストローマ細胞を含まない。

これらに対してストローマ細胞の役割を重視し，多孔性担体を用いてストローマ細胞を3次元的（立体的）に接着培養した後で造血細胞と共培養した例がある（図（d）右端）。その場合，高価なサイトカインをまったく添加しないでも，細胞自身がサイトカインや細胞外マトリックスを効率的に産生して造血微小環境を形成し，造血前駆細胞の増幅が可能になったことが報告されている。このことについて，5.6.2～5.6.4項で述べる。

5.6.2　ストローマ細胞接着に適した多孔性担体

マウスストローマ細胞株（SR-4987）を種々の多孔性担体を用いて培養した結果，セルロース製多孔性ビーズ（CPB，孔径 100 μm，旭化成）上で増殖した細胞の多くが球状であったのに対して，セルロース製多孔性キューブ（Micro-cube，孔径 500 μm，バイオマテリアル社）やポリエステル不織布 Fibra-cell（FC，NBS社）上では細胞が伸展して接着し，特に FC を用いた場合には細胞が繊維芽状に伸展して高密度で接着することが走査型電子顕微鏡（SEM）で観察された（**図5.31**）[12]。

また，マウス（Balb/c）初代骨髄細胞に含まれる初代ストローマ細胞と造血細胞との3次元共培養をこれらの担体を用いて行った結果，初代ストローマ細

  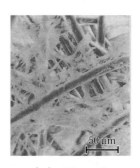

（a）　CPB　　　　　　（b）　Micro-cube　　　　（c）　Fibra-cell

図 5.31　種々の多孔性担体に接着，増殖したストローマ細胞の電子顕微鏡観察

胞も FC 上で良好に接着・伸展することが確認できた。さらに，他の担体の場合には，造血前駆細胞が培養とともに減少し，消失したが，FC を用いた場合にのみ造血細胞に占める前駆細胞の割合が培養中高く維持されることがわかった[13]。

　また，ディッシュ底面上で行う 2 次元共培養（図 5.30（a））では 4 週間目以降造血細胞の 97％が顆粒球に占められたが，FC を用いた 3 次元共培養（図 5.30（d）右端）では顆粒球のほかに，マクロファージが 45％，赤血球も約 5％認められ，FC を用いた 3 次元共培養が造血細胞系統の多様性の点でも骨髄環境をより再現していると考えられた。

5.6.3　3 次元共培養による造血前駆細胞増幅

　ウェル内に FC を置き，マウスストローマ細胞株（ST2）を接種し，増殖させた後に，接着細胞を除いたマウス骨髄造血細胞を接種し，FCS，ウマ血清（HS），ハイドロコーチゾンを含むがサイトカインを含まない McCoy's 5A 培地を用いて 3 週間 3 次元共培養した。

　その結果，ディッシュ底面に接着した ST2 細胞の上に造血細胞を接種した 2 次元共培養では最も未分化な前駆細胞である CFU-Mix 数は培養開始時に比べてまったく増加しなかったが，3 次元共培養では 3 週間で約 5 倍に増加した[14]。

また，C57BL/6-Ly 5.1 マウス由来の骨髄造血細胞を用いて共培養し，1週間後に回収した造血細胞と，培養していない新鮮な C57BL/6-Ly 5.2 マウス骨髄造血細胞とを同数混合し，放射線照射（8.5 Gy）により造血系を破壊した Ly 5.2 マウスに移植した（図 5.32）。移植5か月後の末梢血中に占める Ly 5.1 血液細胞の割合は，2次元共培養由来の Ly 5.1 細胞を用いた場合が約7％だったのに対し，3次元共培養由来の Ly 5.1 細胞を用いた場合は約25％と，培養していない新鮮な Ly 5.1 細胞を用いた場合の約33％と同等であった（**表 5. 2**)[14]。

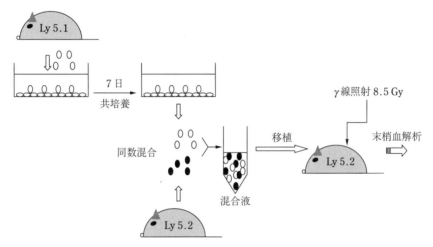

図 5.32　放射線照射マウスへの移植による造血幹細胞アッセイ

表 5.2　放射線照射マウスにおける移植造血細胞の生着

移植した Ly 5.1 細胞	末梢血中に占める Ly 5.1 細胞の割合〔％〕				
	1か月後	2か月後	3か月後	4か月後	5か月後
新　鮮	28.1±6.6	33.2±6.6	30.7±3.8	31.4±1.9	33.8±2.4
2次元共培養	3.3±2.4	5.4±3.9	5.7±4.1	6.4±4.2	6.7±4.7
3次元共培養	23.9±5.5	28.5±4.2	26.6±4.7	25.7±5.7	25.6±5.7

　これは，2次元共培養では造血幹細胞が顕著に減少するが，3次元共培養では造血細胞に占める造血幹細胞の割合がほぼ維持されることを示している。

　この3次元共培養系における各細胞の播種密度の影響を調べた結果，スト

ローマ細胞は調べた範囲内では高密度ほど，造血細胞は逆に低密度ほど，造血前駆細胞の増幅率が優れていることが判明した。これには，ストローマ細胞および造血細胞のほとんどを占める成熟細胞がそれぞれ産生するサイトカインの種類と作用が関係していると考えられた。

この 3 次元共培養系はヒト臍帯血造血前駆細胞の体外増幅にも応用できることが確認されている。すなわち，ヒト骨髄初代ストローマ細胞をポリエステル不織布（Y-15050，旭化成）に接着した後，臍帯血単核細胞と 1 週間共培養することにより，サイトカイン無添加でも造血前駆細胞を 3 倍に増幅できた[15]。

5.6.4　3 次元共培養システムにおける造血微小環境

培養環境の要因を液性（可溶性）因子と細胞近傍の不溶性因子とに大別し，不織布に接着したストローマ細胞により構築されている 3 次元造血微小環境と従来の 2 次元造血微小環境とを比較して解析した。

2 次元培養および 3 次元培養においてストローマ細胞が培養上清中に分泌したサイトカイン量に関して転写レベル，タンパク質レベルおよび造血支持活性で調べたところ，両培養の間に造血細胞培養に影響を与えると考えられる液性因子の差は認められなかった。

一方，細胞近傍の因子としてストローマ細胞近傍のタンパク質量を調べた結果，明らかに 3 次元培養のほうが 2 次元培養に比べて多量にタンパク質を蓄積していた。さらに，未分化な造血細胞と親和性のある細胞外マトリックスであるラミニン α5 の転写量は 3 次元培養したストローマ細胞のほうが高かった。

したがって，ポリエステル不織布を用いた 3 次元共培養では，2 次元共培養に比べてラミニンなどの細胞外マトリックスがストローマ細胞近傍に多く蓄積され，より骨髄中に近い造血微小環境が構築されていると考えられた[16]。

以上のようにポリエステル不織布を用いたストローマ細胞と造血細胞との 3 次元共培養では，他の担体を用いた 3 次元共培養やディッシュ底面上での 2 次元共培養とは異なり，サイトカインを添加しなくても低コストで造血前駆細胞を増幅できることが示された。

5.7 細胞シート形成 [17), 18)]

　角膜のような薄い皮状の組織を作成したい場合は，インテリジェントポリマーの一つであるポリ(*N*-イソプロピルアクリルアミド)(PNIPAM)が利用できる。PNIPAM は温度応答性ポリマーの 1 種であり，32℃以上では固化しているが32℃以下にすると溶解する。そこで培養器面に PNIPAM をコーティングしておき，その上で細胞をモノレイヤーを形成するまで培養する（**図5.33**）。つぎに温度を 32℃以下に下げると PNIPAM は溶解し，足場を失った細胞はモノレイヤーのままで脱着し，細胞シートが得られる。シート 1 層では強度が弱いので，細胞シートを積層して用いる。

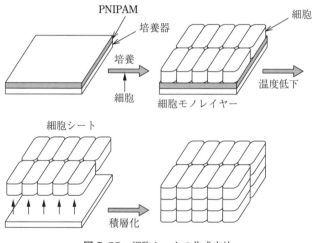

図5.33 細胞シートの作成方法

第6章

移植用同種細胞の大量培養技術

6.1 は じ め に

　近年，人工多能性幹細胞（iPS細胞），胚性幹細胞（ES細胞），間葉系幹細胞（MSC）などの幹細胞を利用した再生医療，すなわち，幹細胞を増殖，分化，三次元化して得られた組織や臓器を用いた治療方法が期待されている。これら幹細胞の中で，MSCは体内から採取しやすく，高い増殖能と多くの組織の細胞に分化できる能力（多分化能）を持つことから，有望な再生医療用の細胞源として考えられている。また，MSCは移植された患者の免疫により破壊される免疫拒絶を受けにくいため，自家細胞とは異なり，同じロットの他人の細胞（同種MSC）を大量増殖して保存しておき，多数の患者に移植し，大幅に治療期間を短縮する大量生産型の同種移植システムが可能であると期待されている。したがって，工業的事業として成立する可能性が高い再生医療のおもなものとして，MSC自体およびMSC由来の軟骨細胞を用いた同種移植が有望と考えられている。しかし，MSCを用いた同種移植では同一ロットの1×10^{10}個以上の大量のMSCが必要と考えられた。そこで，MSCの同種移植を実現するためには，品質を維持しながら，ドナーから採取される約1×10^4個の骨髄MSCを基にして，大量増殖培養することが重要になる。通常の実験室で使用されている直径10 cmのポリスチレンディッシュ1枚で平面培養できるMSCの数が約5.5×10^5個であることを考えると，約1×10^{10}個の大量の細胞を提供するには約18 000枚のディッシュが必要なので，容易でないことが

わかる。同種移植に必要な大量細胞増殖の方法の一つとしてマイクロキャリア培養法が挙げられた。

6.2　移植用間葉系幹細胞のマイクロキャリア培養

6.2.1　マイクロキャリアを用いた間葉系幹細胞の効率的増殖培養

　同種移植治療に必要な大量の細胞を得るための大量細胞増殖培養方法として，マイクロキャリア培養というビーズ表面に細胞を接着させ，そのビーズを含む培地を攪拌して培養する方法があるがヒト MSC への適用例はなかった。このマイクロキャリア培養では，酵素で細胞を剥離せずに細胞をビーズから新たなビーズへ直接移動させる継代法も提案されている。この継代法のためにも，細胞の接着したビーズ同士の凝集体形成を防止し，ビーズ表面に均等に細胞を分布させることが重要と考えられた。そこで，操作因子として攪拌速度に着目し，ヒト MSC のマイクロキャリア増殖培養における凝集体形成を防ぐための攪拌速度が検討された。

　スピナーフラスコ（液量 10 ml）（図 6.1）中で，ヒト骨髄由来 MSC をマイクロキャリア（GE ヘルスケア社製, Cytodex 1, DEAE デキストランビーズ）に接種し，各攪拌速度（30，60，90 rpm）にて 27 日間培養した。それぞれの攪拌速度ごとに細胞数を脱核染色法により計数し（図 6.2（ a ）），細胞形状および凝集体の割合は倒立位相差顕微鏡で観察した（図（ b ））。

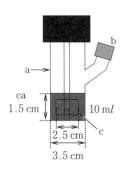

本体（ a ）のガラス円筒内で，攪拌羽根（ c ）を用いて混合しながら培養する。培養液の出し入れなどは，サイドアーム（ b ）とピペットを用いて行う。

図 6.1　スピナーフラスコの構造と写真

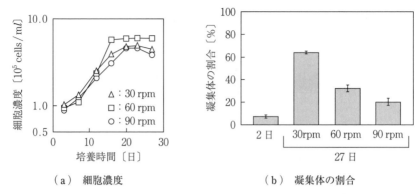

（a）　細胞濃度　　　　　　　　　　　（b）　凝集体の割合

スピナーフラスコ内のマイクロキャリアに細胞を接種し，2日後に攪拌速度をそれぞれ
30，60，90 rpm にした．細胞濃度と凝集体の割合を定量した．

図6.2　マイクロキャリアの凝集と MSC の増殖に及ぼす攪拌速度の影響
（$n = 3$，平均値 ± SD）

　培養液中でマイクロキャリアが浮遊する最小攪拌速度 30 rpm において MSC
を増殖させた結果，培養中期からマイクロキャリアの凝集体が形成しマイクロ
キャリア表面の均一な細胞接着が観察されなかった．そこで3種類の攪拌速度
（30，60，90 rpm）で培養をしたところ，培養液中の凝集体の割合は 30，60，
90 rpm おのおので 64，32，20％となり攪拌速度を上げることで凝集体の形成
が抑制されたが（図6.2 (b)），一方，最終細胞濃度は 60 rpm が最もよく，30
rpm と比べて約 1.5 倍となった．そこで，良好な細胞増殖，凝集体形成の抑制
の両方を満たした 60 rpm のほかに 30 rpm でも B-to-B 増殖を試みたところ
（**図6.3**），MSC の MSC 特有表面抗原は良好に維持されていた．以上のこと
から攪拌条件の最適化によりマイクロキャリア培養において細胞品質を維持し
たままで MSC を大量増殖培養できることが示された[1]．なお，B-to-B（Beads
-to-beads）増殖とは，細胞濃度がプレコンフルエントに達したマイクロキャ
リア培養に，新鮮なマイクロキャリアを加えて攪拌培養を続け，細胞の一部ま
たは大部分を新しいマイクロキャリアへ移動させてさらに攪拌増殖をさせる方
法である．

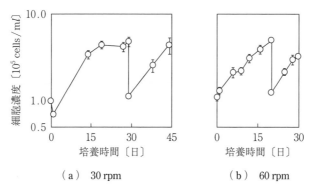

図 6.3 マイクロキャリア上の MSC の B-to-B 法による継代
（*n* = 2 の平均値）

6.2.2 両イオン性温度応答性共重合体を修飾したポリスチレンマイクロ
キャリアからの間葉系幹細胞の回収

マイクロキャリア上で増殖させた MSC をマイクロキャリアからトリプシンなどの酵素を用いて回収する際には回収効率が約 30% 以下と低いという問題がある。これに対して，ポリ（N-イソプロピルアクリルアミド）（PNIPAM）などの温度応答性ポリマーを細胞培養基材表面に修飾すると，温度変化のみで細胞の接着／脱着の制御が可能となることから，温度応答性ポリマーを用いたマイクロキャリアからの細胞回収法が検討されている（**図 6.4** 上図）。ところで，カチオン性と温度応答性を有する N, N-ジメチルアミノメチルメタクリル酸にアニオン性のメタクリル酸鎖を導入した両イオン性温度応答性共重合体（CAT : cationic-anionic-thermoresponsive copolymer）（図 6.4）が近年報告された[2]。CAT は両イオンのバランスを調整して微陽性の電位表面を形成するように分子設計されているため，細胞接着性と低細胞毒性が両立された共重合体とされている。そこで，CAT をコーティングしたポリスチレンマイクロキャリアからの MSC の高効率回収方法が検討された。

ポリスチレン製ディッシュまたはマイクロキャリア（Plastic^TM, Pall）に PNIPAM（LCST 32℃）または CAT（LCST 28 ～ 32℃）の溶液をそれぞれ加

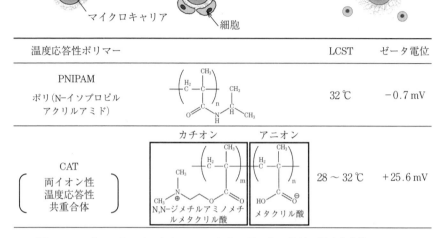

図6.4　マイクロキャリアからの MSC 回収に用いた2種類の温度応答性ポリマー

え，乾燥または凍結乾燥によって表面に温度応答性高分子をコーティングした。このディッシュまたはマイクロキャリアに 10% FBS 含有 DMEM 培地を用いてヒト骨髄由来 MSC（2.5×10^3 cells/cm^2）を 24 ウェル（1.44 cm^2）に 4 mg 播種し，37℃，5% CO$_2$ 雰囲気下で静置培養を行い，脱核染色法により MSC の接着効率（培養 24 時間後）および増殖性（培養 7 日後）を測定した。また，培養後に温度降下処理（4 または 24℃，60 分静置）を行い，ピペッティングした後に浮遊細胞を回収し，トリパンブルー法により MSC の回収効率を測定した（**図6.5**）。

　ディッシュ培養において，PNIPAM と CAT の最適コーティング密度では，接着性と増殖性が CAT（0.20 μg/cm^2）の方が優れていたが，回収効率（24℃）は約 80% といずれも良好で顕著な差はなかった。PNIPAM（0.64 ～ 16 μg/cm^2）または CAT（0.005 0 ～ 1.0 μg/cm^2）をコーティングしたマイクロキャリアにおいて，MSC は増殖したが，24℃での回収効率は 20% に満たなかった。そこで，回収時の処理温度を 24℃から 4℃に変更したところ，PNIPAM

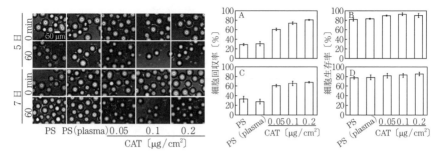

(a) 顕微鏡観察 (b) 細胞回収率・生存率

(a) プラズマ放電処理（4 mg，1.44 cm^2 in a 24-well）後に CAT コート（0.05，0.1，0.2 μg/cm^2）されたポリスチレンマイクロキャリアに播種した MSC は，5 日と 7 日に，4℃ に冷却される前（0 分）と 60 分後に観察した。

(b) プラズマ放電処理（4 mg，1.44 cm^2 in a 24-well）後に CAT コート（0.05，0.1，0.2 μg/cm^2）したマイクロキャリア表面に播種した MSC は，5 日（A，B）と 7 日（C，D）に 4℃ の冷却で回収し，細胞回収率（A，C）と細胞の生存率（B，D）を求めた。

図 6.5 CAT コートマイクロキャリアではほぼコンフルエントに増殖してから温度低下により剥離された細胞の顕微鏡観察と回収率

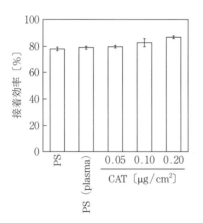

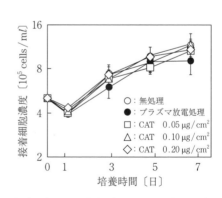

(a) 接着効率（*n* = 3，平均値 ± SD） (b) 接着細胞密度（*n* = 3，平均値 ± SD）

(a) 接着効率は培養 24 時間で求めた。PS：無処理のポリスチレンマイクロキャリア，PS（plasma）：プラズマ放電処理されたポリスチレンマイクロキャリア，CAT：プラズマ放電処理後に CAT コートしたポリスチレンマイクロキャリア。
(b) 細胞（2.5×10^3 cells/cm^2）は種々のマイクロキャリアの表面に播種した（4 mg，1.44 cm^2 in a 24-well）。細胞は 7 日間培養した。

図 6.6 プラズマ放電処理と CAT コートが細胞接着効率と増殖に及ぼす影響

表面では 20％程度しか回収できなかったが，CAT 表面（$0.010 \sim 0.10$ µg/cm^2）からの回収効率が約 50％となった（データ記載なし）。

そこで，微陽性の電位表面を形成した CAT が基材表面に形成したアニオン層に吸着することを期待して（**図6.6**），酸素プラズマ処理を施してから CAT（0.20 µg/cm^2）をコーティングしたマイクロキャリアを用いて 4℃で細胞回収を行った結果，回収効率は 72％まで向上した（図 6.6（ b ））。以上の結果から，CAT で修飾したポリスチレンマイクロキャリア表面では MSC を良好に接着と増殖をさせられるだけでなく，高回収効率（約 70％）で回収できると考えられた[3]。

6.3　不織布担体を用いた間葉系幹細胞培養と播種方法

6.3.1　は じ め に

MSC を大量増殖培養するには MSC を高密度に培養可能な培養方法が必要となる。そこで，3 次元担体である不織布が注目された。不織布は織物や編物と異なり，一本ごとに分散した繊維を熱で接着して形成され，空隙を多く含む構造がある 3 次元の繊維集合体である。不織布は体積当りに高い表面積（旭化成製 Y-15050 の表面積：$1\,360$ cm^2/g）を有すること，また繊維と繊維との間に細胞が架橋できる空間と培地が流れる空隙があることなどの特徴があるため，不織布内で MSC は高密度に増殖できると考えられた。すなわち，高い増殖培養成績に必須な，高い接着効率と高い増殖倍率を得るための不織布担体への MSC の播種方法を検討するとともに，本培養方法で得られた細胞の MSC としての品質およびそれが得られた要因も検討した。

6.3.2　間葉系幹細胞の不織布担体への播種方法

不織布を利用して MSC を大量増殖するための第一段階として，MSC を不織布ディスク（直径：15.1 mm，厚さ：0.1 mm）（**図6.7**）に播種する方法の検討を行った。その結果，播種細胞懸濁液量を不織布ディスクの空隙体積に近

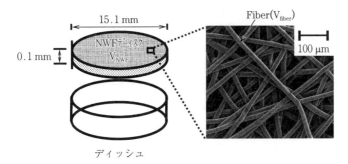

不織布ディスクはディッシュ内に，細胞懸濁液はディスクの中央に置いた。ディスクの体積はV_{NWF}。多くの繊維がディスク内にある。ディスク1個に含まれる全繊維の体積はV_{fiber}。

図6.7 培養器の全体像と不織布の SEM 観察像

い 10 µl としたところ，接着効率は最も高い 64％に達した。しかし，播種密度を低くするほど播種した細胞が不織布ディスクの中心部に集まり，細胞分布が不均一になり，細胞が不織布の全体に増殖できないため，増殖倍率が低かった（**図6.8**）と考えられた。この不均一を改善するために，播種 1 h 後に培地 10 µl を追加添加して，中心部に集まる細胞をより均一的に分散させた。こうして不織布内の細胞分布を均一化することにより，増殖倍率を 16 倍から 48 倍ま

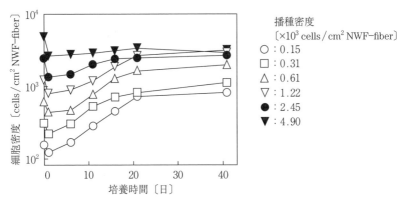

MSC はウェル内の不織布ディスクに種々の密度で播種した。

図6.8 MSC の播種密度が増殖倍率に及ぼす影響（$n = 3$，平均値 ± SD）

で上げることができた（播種密度：0.15×10^3 cells/cm²-NWF）（**図6.9**）。こ
のとき，不織布の周辺部まで細胞の分布の大きな偏りはなく，細胞は繊維と繊
維の間に架橋して，増殖している様子が SEM で観察された（**図6.10**）[4]。

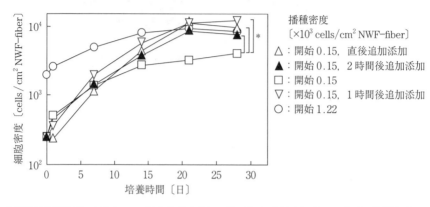

MSC は NWF ディスクに，0.15 または 1.22×10^3 cells/cm² NWF-fiber の密度で播種した。
0 h，1 h と 2 h にそれぞれ培地 10 μl を追加添加した。

図6.9　培地追加添加の時期が MSC の増殖に及ぼす影響（＊p ＜ 0.05）

（a）　　　　　　　　　　　　（b）

播種密度は 0.15×10^3 cells/cm² NWF-fiber で，播種 1 時間後に 10
μl 培地を追加添加した。

図6.10　不織布で 21 日間増殖した MSC の SEM 観察像

6.3.3　不織布担体に接着・増殖した間葉系幹細胞の品質評価

　MSC の大量生産に重要な要素である細胞品質を確認するため，MSC 特異表
面抗原と分化能の点から，不織布培養した MSC の品質をディッシュ培養した

MSCの品質と比較した。その結果，不織布を用いて培養したMSCの方が未分化維持に関連するマーカーであるCD90の陽性率（97.9％）が明らかにディッシュ培養したMSC（67.9％）より高いことが観察された。分化能について，不織布を用いて培養したMSCはディッシュ培養したMSCとほぼ同じレベルの脂肪，軟骨分化能を有するが，骨分化能については前者が明らかに高いことが観察された。また，ディッシュと不織布で増殖したMSCの剝離回収後のサイズを比較したところ，不織布で増殖した細胞の方が有意に小さいことから，老化が進んでいる可能性は低いと推測された。したがって，不織布で培養したMSCは増殖培養後もMSCとしての品質を維持していると考えられた[5]。

　不織布で培養したMSCが高いCD90陽性率と骨分化能を持つ要因について，細胞周囲の細胞外マトリックス（ECM）の量に注目し，検討を行った。その結果，培養初期と対数増殖期（0〜14日）では，不織布での繊維面積当りのECM量も，細胞当りのECM量も，ディッシュの場合より多かった。さらに，ディッシュの底面にECMあるいはI型コラーゲンをコーティングし，そのうえでMSCを培養し，骨分化を測定した結果は，ECMあるいはI型コラーゲンの量が多いほど，MSCの骨分化能が高くなることが強く示された。以上の結果より，不織布で増殖したMSCが，ディッシュで増殖したMSCと比べて著しく高いCD90陽性率と骨分化能を持っている要因の一つとして，不織布で増殖中の細胞周囲のECMの量がディッシュより高いことが考えられた[5]。

第7章

移植用細胞培養の産業化技術

　移植用の細胞を培養するには，セルプロセッシング工学が必要である。この
セルプロセッシング工学には，従来の動物細胞大量培養技術に加えて，分化を
含めた不均一な細胞集団を制御するための細胞分離法，3 次元培養法などの
"移植用細胞の効率的培養技術" が必要であることはすでに 5 章で述べた。

　動物細胞を培養して移植用細胞や組織を作成する "研究" を行ったり，作成
した細胞や組織を動物に移植して性能を評価するだけであれば，5 章までに述
べた技術があれば目的は達成できると考えられる。

　しかし，培養で得られた細胞や組織をヒトを対象として臨床応用し，それが
普及するためには，より高度な安全性と経済性が求められる。

　また，医師による臨床研究を経て高度先進医療として経済性を必ずしも満足
しないままで臨床応用される場合もあるが，この場合は特定の医療機関でしか
実施できない。より広範囲の医療応用を目指すならば，経済性を備えて産業化
する必要がある。しかしながら，培養で得られた細胞や組織の移植医療（再生
医療）は，2007 年現在，日本ではいまだほとんど事業化されておらず，これ
らの分野は今後産業化されることが期待されている。

　産業化のための技術的課題は，安全性と経済性である。さらに，該当する法
令を遵守しつつ製品を製造する技術も産業化には必要である。再生医療の場合
はその産業化の試みと平行して法令の整備が進められており，ヒトを対象とし

た細胞移植医療（再生医療）の臨床研究，臨床試験（治験），製造などを実施する際の規制としては，既存の医師法，薬事法のほか，いくつかの指針，通知が示されている。

移植用細胞培養の産業化（実用化）技術課題を設定するためには，これらの移植用細胞培養に特化された指針，通知（**表7.1**）を見ておくことも重要である。これ以降に出された指針，規則はここには含めていない。

表7.1　再生医療にかかわる国内の法規制

1. 「細胞・組織を利用した医療用具又は医薬品の品質及び安全性の確保について」
   （医薬発第906号1999年7月30日）
2. 「ヒト又は動物由来成分を原料として製造される医薬品等の品質及び安全性確保について」（医薬発第1314号2000年12月26日）
   − 「細胞・組織利用医薬品等の取扱い及び使用に関する基本的考え方」
   − 「ヒト由来細胞・組織加工医薬品等の品質及び安全性の確保に関する指針」
3. 「薬事法規則の一部を改正する省令等の施行について（細胞組織医薬品及び細胞組織医療用具に関する取扱い）」
4. 「ヒト又は動物由来成分を原料として製造される医薬品，医療用具，医薬部外品及び化粧品の取扱いについて」（医薬発第0731010号2002年7月31日）
5. 改正「薬事法」（2003年7月30日施行）
6. 「薬局等構造設備規則」

7.2　再生医療の国内規制と移植用細胞培養施設の条件

7.2.1　再生医療の国内規制

再生医療の産業化のためには医薬品の開発と同様に臨床試験（治験）を行う必要がある。このように「細胞・組織利用医療用具」にかかる治験を実施する前には，品質および安全性確保の根拠となる資料（治験確認申請書）を厚生労働省に提出し，治験を実施する妥当性について確認を得る必要がある。

また，移植用細胞や組織の培養のように，「ヒトまたは動物由来成分を原料として製造される医薬品等」の品質および安全性確保のための，考え方と指針が示されている。

このうち，「細胞・組織利用医薬品の取扱い及び使用に関する基本的考え方」では，培養の原料となる細胞・組織の採取から培養までのプロセス全体を対象

として，守るべき項目が挙げられている。例えば，細胞・組織を採取するド
ナーの選択，記録の保管，標準操作手順書（SOP）の確立などである。

　一方，「ヒト由来細胞・組織加工医薬品等の品質及び安全性の確保に関する
指針」では，細胞・組織の採取，保存，運搬，培養のプロセスのすべてを通し
た一貫した品質管理システムの構築と，これらのプロセスについての確認申請
用の資料の内容が定められている。

　品質および安全性確保のうち，ドナーに由来する感染症への対応，培養によ
り細胞や組織が有害なものとならないことの確認などは特に，薬事法施行規則
の一部改正，GMP（good manufacturing practice）関係省令の一部改正などに
より定められている。

　「薬局等構造設備規則」では，複数のドナーからの細胞や組織を同一室内で
同時期に取り扱ったり，交叉汚染を引き起こしたりするような方法をとらない
ことなどが定められている。

　これらのうち“ドナーに由来する感染症への対応”や“交叉汚染防止”に関
する技術課題として，「培養工程の自動化」を 7.3 節で，“細胞の品質管理シス
テム”に関する技術課題として，「細胞および組織の非侵襲的品質評価技術」
を 7.4 節で，それぞれ説明する。

7.2.2　移植用細胞培養施設の条件

　2007 年時点では，ヒトを対象とした臨床研究や治験に用いる移植用細胞や
組織の培養のほとんどすべては，上記の規制を遵守すべく，セルプロセッシン
グセンター（CPC）と呼ばれる特殊なクリーンルーム施設の中で，クリーンベ
ンチ，炭酸ガスインキュベーター，遠心分離機などを用いて行われている。こ
の CPC が一般の実験室とどのように異なるのかを見ておくことは，移植用細
胞培養の産業化技術課題を考える上でも重要である。

　移植用細胞培養施設には移植用細胞や組織を製造するために必要ないくつか
の部屋があり，それぞれが区分されている必要がある（**図 7.1**）。さらに，移
植用細胞培養施設では，無菌操作ができること，ドナーから採取したヒト細胞

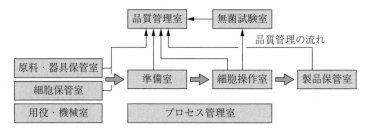

図 7.1 移植用細胞や組織の培養に必要な諸室（品質管理に関する流れ）

のウイルス保有を完全に否定できないためバイオハザード対応になっていること，効率的な配置になっていることなどを満たす必要がある。

無菌操作を可能にするためには，直接に細胞を操作するクリーンベンチ内はクリーン度 100 の清浄環境が必要である。そのためにはクリーンベンチを置く細胞操作室内はクリーン度 10 000 が必要となる。操作室内の環境を維持するためには，作業者は操作室に入る際に無塵衣を着用し，出る際に脱ぎ，物はパスボックス内で無塵状態にしてから細胞操作室に入れる。この作業者の動線は一方通行が望ましい（**図 7.2**）。

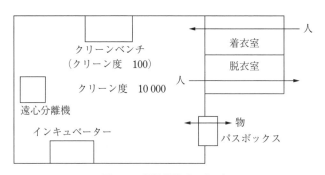

図 7.2 細胞操作室の概要

交叉汚染防止のためには，一つの細胞操作室内では異なるヒトの細胞の同時操作を行わないことが重要である。さらには，空調ダクトを介しての操作室間の交叉汚染要因も排除できる設計が必要である。

このほかにも培養操作室ごとの定期的な滅菌，複数の培養操作室ごとの空

調，各室間の差圧・気流方向の設定など CPC には特殊な設計が必要である。

7.3　培養工程の自動化

7.3.1　自動化の必要性

このように現在，臨床研究など，試験段階にある再生医療の各プロジェクト
において，細胞の加工（セルプロセッシング）をセルプロセッシングセンター
（CPC）内で人手作業で行う案が一般的である（**図7.3**（a））。

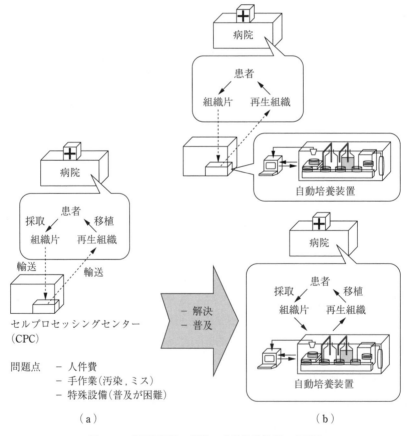

（a）　　　　　　　　　　　　　　　（b）

図7.3　移植用細胞や組織の自動培養装置の必要性

しかし，CPCという特殊な施設を設置するのに高額な初期設備投資および定期的・継続的な環境点検・維持・記録システム費用が必要である，異なる患者の細胞の取違えなど，人手作業によるミスの可能性がある，作業者からの細胞や組織への病原体感染の可能性があるなど，産業化に際しての問題が多い。さらに熟練した作業者のための高額な人件費も問題となる。また，再生医療の実施が特殊な施設であるCPCの近辺の医療機関に限られるため，再生医療の普及の上でも問題となる。

これらの問題を解決するには，少なくとも培養工程の自動化，すなわち自動培養装置の導入が必要と考えられる（図7.3（b））。この場合，小型の自動培養装置を設置する比較的狭いクリーンルームでよい，そのクリーンルームのクリーン度を100 000程度に下げれる可能性がある，人手作業に比べてミスの頻度が極端に低くなる，作業者からの感染の可能性が大幅に低下する，などの改善効果が期待できる。人件費も大幅に削減できる。さらには，小型化することにより，再生医療を実施する各医療機関への自動培養装置の設置が可能となれば，再生医療の普及にも貢献できると考えられる。

7.3.2　自動培養装置の機能

移植用細胞の自動培養装置には，培養操作を自動的に行えること，誤作動を防止できること，雑菌汚染を防止できることなどの機能が最低限必要である。

ところで，上述のようにCPCの細胞操作室にはクリーンベンチとインキュベーターなどがあり，基本的にドナー1人（1検体）の細胞だけを操作する。したがって，ドナー2人（2検体）の場合は細胞操作室が2部屋必要となる。このようなCPCでの培養操作のどの範囲を自動化するかにより3種類の自動培養装置が考えられている（**図7.4**）。

　タイプA：人手作業のうち，作業者がクリーンベンチ内で行う作業（培地交　　　　　　換，継代など）に限定した自動培養装置
　タイプB：作業者がクリーンベンチ内で行う作業（培地交換，継代など）の　　　　　　ほか，インキュベーターとクリーンベンチとの間の培養器の移動

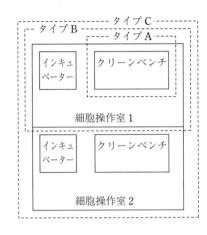

図 7.4　移植用細胞や組織の
自動培養装置の分類

や顕微鏡観察などの作業も含めた自動培養装置

タイプ C：作業者がクリーンベンチ内で行う作業（培地交換，継代など）の
ほか，インキュベーターとクリーンベンチとの間の培養器の移動
や顕微鏡観察などの作業も含むだけでなく，複数の細胞操作室の
作業をも含む自動培養装置

　タイプ A の開発中の自動培養装置としては，市販のクリーンベンチに挿入
して使用できるように工夫されているものがあるが，作業の内容が限られるた
め，人件費抑制の効果は少ないと考えられる（**表 7.2**）。また，タイプ B の開

表 7.2　種々の特徴を有する自動培養装置

タイプ	培養器	継代	滅菌	検体数[*1]	備　考	開発社
A	ディッシュ フラスコ	可	不可		クリーンベンチ	ミツテック
B	密閉容器		乾熱	3		メディネット
	密閉容器	不可	不可	3		丸菱バイオエンジ
	密閉容器	不可			加圧培養対応	高木産業
	密閉容器	可	不可	1		Cell Force
	フラスコ			1[*2]	創薬用	The Automation Partnership
C	ディッシュ フラスコ	可	蒸気	～10		川崎重工業

＊1；ドナー数，＊2；フラスコ数は～ 100

発中の自動培養装置では，滅菌の必要性を考慮して密閉型の特別な培養容器を用いているものが多いが，それらでは一般的なディッシュやTフラスコは用いることができない。中には加圧培養ができるものや創薬におけるハイスループットスクリーニングに適したものもあるが，これらの装置の中に組み込まれる高価な細胞観察用の顕微鏡や遠心分離機が1検体の細胞操作に占有されるため，経済性はよくないと考えられる。これに対してタイプCでは，7.3.3項で述べるように細胞観察用の顕微鏡や遠心分離機だけでなくクリーンベンチも2検体以上の細胞操作に共用できるように工夫して開発されたものがあり，経済性に優れており，人件費だけでなく培養のための設備投資も抑制できると考えられる。

7.3.3　多検体に対応可能な自動培養装置

前述のように，移植用細胞の自動培養装置において低コストを実現するためには，1台の培養装置で複数の患者の自家細胞（多検体）を培養するタイプCが効果的と考えられる。しかし，それには，複数の患者の自家細胞（多検体）を同じ装置でプロセッシングする際に，細胞間（検体間）での病原体交叉汚染を防止する必要がある。

これに対して以下のようにして，コストを抑えつつ，複数の細胞間（検体間）での病原体交叉汚染を防止することが提案された（**図7.5**）。

1. 培養装置内部を複数の「インキュベーター部」と一つの「細胞操作部」に隔離する。
2. 顕微鏡のような細胞診断機器，培地注入機，遠心分離機などの高価な機器は「細胞操作部」に設置する。
3. 「細胞操作部」と「インキュベーター部」はそれぞれ短時間で滅菌できるようにする。

すなわち，各検体の細胞は検体ごとに区別されたインキュベーター部で培養される。細胞観察，培地交換，継代などの細胞操作が必要になった検体の培養器だけをインキュベーター部から細胞操作部に移動し，細胞観察，培地交換，

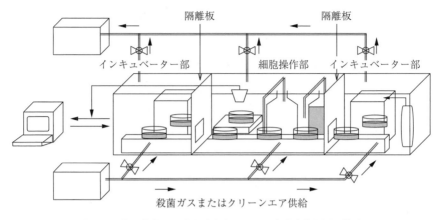

図 7.5　病原体交叉汚染を防止するための自動培養装置の構造

継代などの細胞操作を加えた後に，もとのインキュベーター部に戻す。この後，短時間で細胞操作部を滅菌してから，他の検体を細胞操作部に移動し，細胞観察，培地交換，継代などの細胞操作を加える。

　このような自動培養装置の構造と取り扱い方法により，検体間の交叉汚染防止と低コストの両立が可能と考えられる。

　2003 年に著者らにより製作された多検体対応自動培養装置の試作 1 号機（**図 7.6**）にはインキュベーター部が 2 台あり，細胞操作部はオゾンガスにより殺菌可能である。細胞操作部のオゾンガス濃度上昇およびオゾンガス排出を含めて殺菌は 30 分で終了可能であった（**図 7.7**）。

　骨髄間葉系幹細胞をディッシュに播種し，本自動培養装置および人手作業の両方で，それぞれ平行して 1 週間培養した結果，両者に細胞増殖速度の差異は認められなかった。また，増殖した細胞の形態および軟骨細胞への分化能においても差異はなかった（**図 7.8**）。

　この試作機 1 号機には，xyz の 3 軸直交ロボットが採用されている。人手による微妙な培養操作の忠実な再現を目指して直交ロボットの代わりに多関節ロボットを採用した多検体対応自動培養装置の試作 2 号機（**図 7.9**）を科学技術振興機構の支援を受けて著者と川崎重工業が製作した。この自動培養装置に

図7.6 多検体対応自動培養装置の例（1）

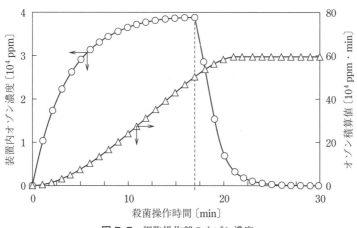

図7.7 細胞操作部のオゾン濃度

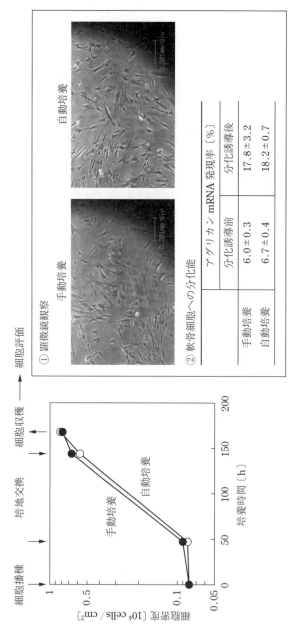

細胞評価

① 顕微鏡観察

手動培養　　　自動培養

② 軟骨細胞への分化能

	アグリカン mRNA 発現率 [%]	
	分化誘導前	分化誘導後
手動培養	6.0 ± 0.3	17.8 ± 3.2
自動培養	6.7 ± 0.4	18.2 ± 0.7

細胞播種　　培地交換　　細胞収穫

手動培養　　自動培養

培養時間 [h]

細胞密度 [10⁴ cells／cm²]

図 7.8　多検体対応自動培養装置での培養成績

図 7.9　多検体対応自動培養装置の例（2）

は CCD カメラによる細胞画像撮影装置も組み込まれ，2006 年 12 月から信州大学先端細胞治療センターなどで評価が行われている。

7.4　細胞および組織の非侵襲的品質評価技術

7.4.1　細胞および組織の非侵襲的品質評価技術の必要性

7.2.1 項で述べたように「ヒト由来細胞・組織加工医薬品等の品質及び安全性の確保に関する指針」では，細胞・組織の採取，保存，運搬，培養のプロセスの一貫した品質管理システムの構築が求められている。これは移植用細胞や組織に特有な問題ではなく，一般の医薬品製造においても同じ考え方がある。

　製造プロセスの品質管理システムを確立するためには製品の品質評価技術が不可欠である。医薬品製造における製品の品質評価技術としては，製品ロットから抜き出した検体について，製品の化学組成，不純物含量，水分含量などの多くの測定項目について測定を行う方法がほぼ確立されている。

　移植用細胞や組織の製品の品質評価のために，医薬品の場合のような抜き取り検査が可能であろうか。移植用細胞や組織のうち，患者以外のドナー細胞を原料とする場合（他家移植，同種移植），同じ細胞をもとにして同時に多数の培養器で培養して移植用細胞や組織を培養器単位で多数得ることは理論上可能なので，抜き取り検査は可能であろう。

　しかし，組織適合性や病原体混入の問題から，患者本人の細胞を原料として培養して得られる細胞や組織の移植（自家移植）が少なくともある時期までは再生医療の主流であった。この場合に，必要以上に多量の細胞を患者から採取できない，細胞を体外増幅できる代数に限りがある，代数を経ると細胞増殖能や分化能が低下する，経済的に培養期間を短くする必要があるなどの理由から，移植に必要な最低限の量の移植用細胞や組織しか得られない。

　したがって，自家移植では，移植用細胞や組織に対して統計処理可能な抜き取り検査は困難である。そのため，自家移植用細胞や組織の品質評価のためには，移植に供しようとする細胞や組織が培養器に入ったままで，移植成績に影響を与えない方法で品質評価する必要がある。すなわち，非侵襲的に，非破壊的に，短時間での品質評価が必要と考えられる。

　細胞や組織の品質の中でも，移植に際して特に重要なのは細胞の分化度，生存率や組織の物性と考えられる。ヒトを対象とした臨床研究以前の基礎研究段階では，細胞の分化度や生存率は染色後の顕微鏡下での計数，フローサイトメトリーや免疫不全動物への移植実験により測定される。しかし，細胞染色を伴う評価法は侵襲的である。また実験動物へ細胞を移植して新たな組織形成や細胞の生着を調べる方法は，細胞に対して破壊的な測定であるだけでなく，診断結果を得るまでに移植後数週間から数か月を要する。組織の物性測定についても，組織の切片を作成して染色するなどの操作が必要であり，破壊的測定である。

　このように従来の品質評価方法は，侵襲的，破壊的で長時間を要するため，移植用自家細胞や組織の品質評価には適用できない。したがって，細胞および組織の非侵襲的品質評価技術が新たに必要となる。

7.4.2　非侵襲的品質評価の対象

　非侵襲的に品質を評価する必要のある対象としては，移植前の細胞や組織と移植後の組織が考えられる（**図7.10**）。移植前の細胞や組織のうちディッシュ底面等での単層培養による細胞増殖や細胞分化については，顕微鏡観察による

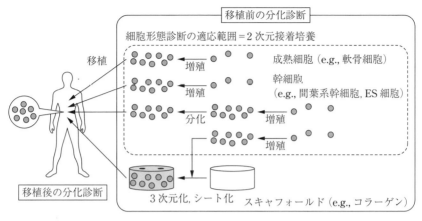

図7.10 非侵襲的品質評価の対象

細胞形態診断の可能性が考えられる。一方，移植前の細胞や組織のうちゲル包埋培養等の3次元培養，および移植後の組織の診断には別の方法が必要と考えられる。

7.4.3 単層培養における細胞形態分析による非侵襲的品質評価

　細胞の機能や分化状態の変化は細胞形態の変化に表れる場合が多い。例えば，肝細胞は，ネイティブなコラーゲンゲル上の培養では平らになり，機能は急速に低下するが，$NaBH_4$ やペプシンで処理したコラーゲンゲル上で培養すると細胞形態は丸くなり，アルブミン合成やチロシンアミノトランスフェラーゼ，P450 などの活性も高く維持される[1]。血管内皮細胞を流体せん断応力にさらして培養すると，細胞形態は流れ方向に伸長・配向し，NO，プロスタサイクリン，C型ナトリウム利尿ペプチドなどの産生は増加する[2]。細胞の分化に伴った形態変化の解析から分化度を診断する方法は，さまざまな分化培養系において非侵襲的・非破壊的かつ短時間で細胞の分化度を診断する有用な方法になる可能性があると考えられる。

　分化誘導因子として TGF-β3，デキサメタゾン，IGF を添加した 10% FCS DMEM 培地を用いて，ヒト骨髄間葉系幹細胞（MSC）から軟骨細胞への分化

誘導培養を行うと，軟骨に特有な細胞外マトリックスであるアグリカンの遺伝子発現割合は経時的に増大した（**図7.11**）。

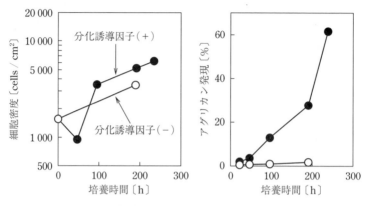

図7.11　間葉系幹細胞から軟骨細胞への分化誘導培養

位相差顕微鏡を用いて観察すると，分化誘導因子無添加の培養では細胞形態はもとの繊維芽状のままでほとんど変化しなかったが，分化誘導因子存在下では多角形様の細胞が多くなった（**図7.12**）。

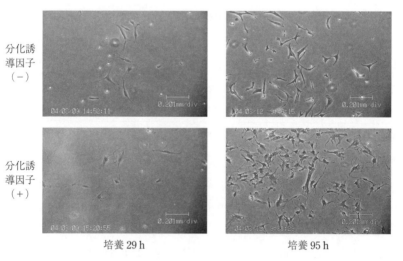

図7.12　分化に伴う細胞形態の変化

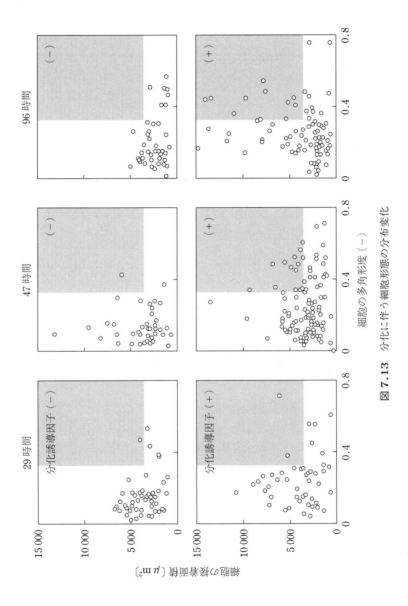

図 7.13　分化に伴う細胞形態の分布変化

そこで，これらの位相差顕微鏡画像中の各細胞の面積Aおよび長径Lを計測した。細胞の短径は長径に対する面積の比率に相関すると考え，個々の細胞について，長径に対する短径の割合の代表値として次式で定義する多角形度PI（polygonal index）を算出した。

$$PI = \frac{A}{L^2} \tag{7.1}$$

間葉系幹細胞から軟骨細胞への分化培養において，顕微鏡画像中の各細胞について多角形度PIに対して接着面積Aをプロットすると，接着面積と多角形度の両方が大きい細胞が分化培養では経時的に増大することがわかった（**図7.13**）。さらに，接着面積と多角形度の両方が大きい細胞が含まれる割合とアグリカンの遺伝子発現割合との間に相関が認められた（**図7.14**）[3]。

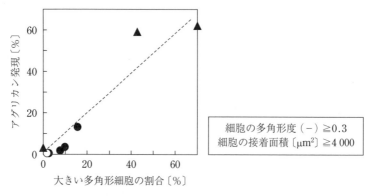

細胞の多角形度（－）≧0.3
細胞の接着面積〔μm²〕≧4 000

細胞の多角形度が0.3以上でかつ細胞の接着面積が4 000 μm²以上の細胞を「大きい多角形細胞」とした。

図7.14　遺伝子発現割合と大きい多角形細胞の割合との相関

これらのことから，顕微鏡観察画像を用いた細胞形態の解析により軟骨細胞への分化度（遺伝子発現）を非侵襲的非破壊的に診断できる可能性が示された。さらに，フェムト秒レーザー照射で生じる衝撃波による接着1細胞の回収（**図7.15**）[4]と1細胞RT-PCRを組み合わせた実験により，遺伝子発現と細胞形態との関係が1細胞単位で調べられている。

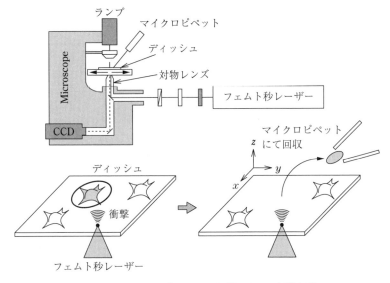

図 7.15　フェムト秒レーザー照射による 1 細胞回収

7.4.4　単層培養における細胞の立体形状分析

　位相差顕微鏡をはじめとする通常の顕微鏡では，単層培養における接着細胞の平面的形状は定量できるが，立体形状の定量はできない。立体形状を非侵襲的に定量できれば，移植用細胞のより精度の高い診断の可能性が考えられる。

　柔らかいバネの先端につけた細い探針で試料表面を x, y 方向に走査して，試料表面の凹凸に応じて探針（カンチレバー）が上下する程度を z 座標値として表示する装置が原子間力顕微鏡（atomic force microscope，AFM）である（**図 7.16**）。固定した細胞の立体形状を AFM で測定した例はあるが，ディッシュ底面中から細胞を探し出してから走査を始めるため 1 細胞の測定に 30 分以上の長時間を要する。また，動かないように細胞を固定する必要がある，探針が細胞に近づくので侵襲的と考えられる，などの問題がある。

　近年開発された位相シフトレーザー顕微鏡（phase shift laser microscope，PLM）（**図 7.17**）では，プリズムを微動させることにより，観察対象物を透過するレーザー光と観察対象物のない部分を透過したレーザー光とで生じる干

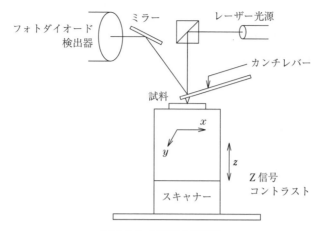

図7.16　原子間力顕微鏡

渉縞画像を8枚取得し，対象物の厚みと屈折率に起因する位相差を視野内の1
画素（ピクセル）ごとに定量できる。すなわち，対象物の厚みをd，屈折率を
n_c，媒質の屈折率をn_0とすると，位相差$\varDelta\Phi$は次式で表される。ただし，λは
レーザーの波長である。

$$\varDelta\Phi = \frac{2\pi}{\lambda} \times (n_c - n_0) \times d \tag{7.2}$$

ここで，浸透圧を調整した種々の屈折率を有する液で培養液を置換し，$\varDelta\Phi$
がゼロとなる屈折率を求めることにより，あらかじめ細胞種類ごとに細胞の屈
折率n_cを求めておく。この屈折率データと式（7.2）を用いて視野内の細胞の
位相差分布を細胞の厚み分布に換算することができる。

　PLM測定に細胞の固定は不要である。2種類の浸透圧で培養した接着CHO
細胞を用いてPLM測定値とAFM測定値を比較した結果，いずれの方法によ
る測定値もほぼ同じ値が得られた。また，いずれの測定でも浸透圧300
mOsmol/lで培養した細胞の厚み（最大部分）は400 mOsmol/lで培養した細
胞より高い傾向を示した（**図7.18**）。

　CHO以外の細胞として，ヒト臍帯血管内皮細胞（HUVEC）およびヒト骨髄
間葉系幹細胞（MSC）についても，PLM測定値とAFM測定値を比較した結

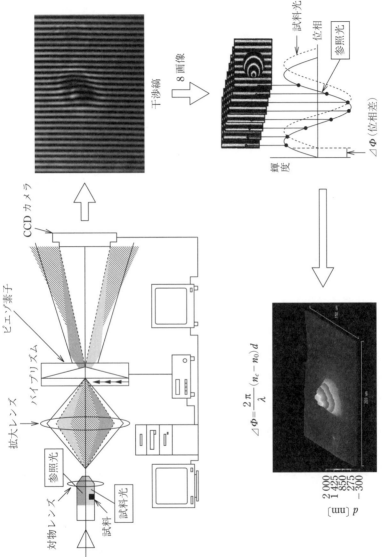

$$\Delta\Phi = \frac{2\pi}{\lambda}(n_c - n_0)d$$

図 7.17　位相シフトレーザー顕微鏡

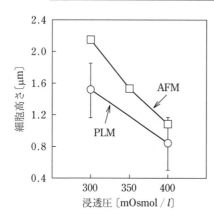

図 7.18　PLM 測定値と AFM 測定値
との比較

果，いずれの細胞についても両者の測定値はほぼ一致しており，細胞高さを非
侵襲的に測定できると考えられた（**表 7.3**）。

表 7.3　PLM および AFM による細胞高さ測定値の比較（$n = 10$，平均 ± SD）

細胞種	高さ〔μm〕	
	PLM（PBS 中）	AFM
CHO	2.00±0.92	2.06±0.63
HUVEC	1.09±0.92	1.20±0.30
MSC	1.52±0.79	1.73±0.46

　PLM による細胞高さ測定値の妥当性を確認するとともに，浮遊細胞の測定
の可能性を調べるため，浮遊状態の CHO 細胞を通常の位相差顕微鏡および
PLM で測定した。その結果，位相差顕微鏡観察画像から測定した細胞直径と
PLM 観察画像から測定した細胞直径とはほぼ一致した。また，PLM 観察画像
から測定した CHO 細胞の高さは直径より約 20％小さい程度であり，沈降した
浮遊細胞が球形よりもやや扁平となっている可能性を考慮すると，誤差 20％
程度では正しく測定できていると考えられた（**表 7.4**）[5]。

　PLM では 1 分程度の短時間で細胞の立体形状を非侵襲的に定量できること
から，移植用細胞の品質評価に利用できる可能性がある。

表7.4 PLM により測定した浮遊状態の CHO 細胞の直径と高さ
（$n=10$, 平均±SD）

高さ〔μm〕	直径〔μm〕	
PLM	PLM	位相差顕微鏡
5.68±2.53	7.33±1.49	8.78±1.20

7.4.5 細胞透過光の位相差分析による細胞周期識別

　当面の再生医療では自家細胞移植が主となり，移植に最低限必要な量の組織の作成しか行わないが，培養細胞の評価法の大部分は破壊的・侵襲的である。これに対して，非侵襲的評価法として可能性があるものの一つに，位相差微鏡観察画像による平面的細胞形態の解析（7.4.3項参照）があるが，立体的な細胞形態を得られればより精度のよい評価が可能であると考えられた。ところで，7.4.4項で述べた位相差を視野内の1ピクセルごとに定量できる位相シフトレーザー顕微鏡（PLM）などでは接着動物細胞の立体形状測定を非侵襲的に測定できる可能性があることを示した。また，最も基本的な細胞の評価項目である増殖活性は細胞周期分布から求めることもできる。そこで，PLM 測定の細胞周期推定への応用が検討された（**図7.19（口絵3）**）。

　BrdU を取り込ませたチャイニーズハムスター卵巣（CHO）細胞 1-15$_{500}$ 株の位相差を PLM により定量する（図（c）（f））とともに，DAPI 染色を併用し（図（d）（e）），蛍光顕微鏡下で個々の細胞に番号を付けて区別し，1細胞ごとの細胞周期を決定した。つづいて，分類ごとの各細胞周期における位相差（**図7.20**（a）），細胞高さ（図（b）），および円形度（図（c））を求めた。すなわち，PLM で位相差を測定した CHO 細胞の細胞周期を染色により決定した結果，G2/M 期にある細胞の位相差および高さは G1/S 期にある細胞と比べて約 1.1 rad（44%）および約 0.29 μm（14%）大きいことが示された。したがって，PLM を細胞周期の推定に応用できることが示された[6), 7)]。

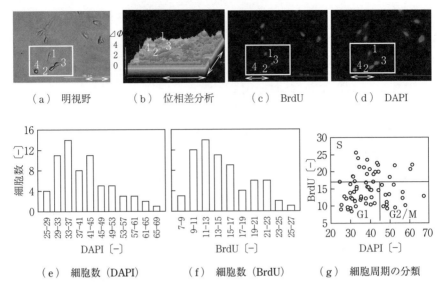

（a）　明視野　　　　　（b）　位相差分析　　　（c）　BrdU　　　　　（d）　DAPI

（e）　細胞数（DAPI）　　　（f）　細胞数（BrdU）　　　（g）　細胞周期の分類

接着 CHO 細胞は PLM で位相差を分析した後（b），細胞周期を蛍光顕微鏡イメージにより決定した（a, c, d）。個々の細胞に番号を付けて区別した。矢の長さは 50 μm。各レンジの蛍光強度（例えば 25-29 は 25 ≦ DAPI and DAPI < 29）を示した細胞の数を示す（e, f）。DAPI と BrdU の蛍光強度の閾値をそれぞれ 45 と 17 として，70 個の細胞を各細胞周期に分類した（g）。

図 7.19（口絵 3） 　細胞周期とレーザー光位相シフトの 1 細胞解析

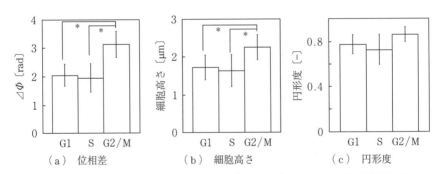

（a）　位相差　　　　　（b）　細胞高さ　　　　　（c）　円形度

図 7.19 の閾値を適用して 70 個の細胞をそれぞれの細胞周期に分類し，各細胞周期における細胞の位相差（⊿Φ），細胞高さ，および円形度を求めた。細胞高さは位相差と屈折率（G1/S：1.45，G2/M：1.47）とから計算した。

図 7.20 　細胞周期が位相差と円形度に与える影響（平均値 ± SD，＊p < 0.01）

7.4.6　細胞透過光の位相差分析による高精度がん細胞識別

（1）　正常細胞とがん細胞との非侵襲的識別の意義

　細胞の増殖・分化に関する基礎研究が盛んに行われ，免疫拒絶反応のない自己の細胞（あるいは同種細胞）を用いて組織を形成し，体内に移植することで欠損部や損傷部を修復する再生医療が注目されている。しかし，再生医療の普及や産業化のための品質管理に必要な細胞品質評価方法に関する研究は遅れているのが現状である。現在行われている細胞の品質評価項目で最も重要な品質評価項目の一つは細胞のがん化の有無である。また細胞の品質評価方法には，動物への移植，表面抗原に対する免疫染色，遺伝子発現定量などの方法があるが，これらはすべて長時間を要するだけでなく，侵襲的検査が多い。しかし，当面の再生医療の大部分を占める自家細胞システムでは（あるいは同種細胞システムでも）細胞を侵襲したり破壊しないことが望ましいため，品質評価のために非侵襲的な検査方法が必要である。したがって，非侵襲的かつ短時間で行えるがん細胞の識別法の開発が必要と考えられた。

　細胞品質の非侵襲的評価の手段として，細胞の顕微鏡観察がある。しかし，通常用いられる倒立型位相差顕微鏡では，細胞のほぼ平面的形状しか得られない。ここで，前項でも紹介した新規に開発されたPLM，もしくはより安価で小型なデジタルホログラフィック顕微鏡（DHM）は，測定対象物を透過したレーザー光と透過せずに進んだレーザー光との間の位相差を視野内の1ピクセルごとに定量し，前項の細胞周期のように非侵襲的に細胞の立体形状に関連する細胞特性を検出することができる。したがって，PLMを用いて非侵襲的に細胞の立体形状を解析することにより，再生医療における正常細胞とがん化細胞を非侵襲的に識別することが可能となり，高度な診断につながると期待された。本項ではPLMを用いた正常細胞とがん細胞の識別について説明する。

（2）　正常細胞とがん細胞の各透過光の各1細胞内の最大位相差の比較

　がん細胞は正常細胞よりも細胞骨格の密度が低いことはよく知られている。そこで，PLMを用いた視野内の1ピクセルごとの位相差測定によって得られる1細胞ごとの最大位相差に注目し，がん細胞を正常細胞から識別できるので

はないかと考えた。そこで，正常ヒト前立腺上皮細胞（PREC）およびヒト前立腺がん細胞株（PC-3）（**図7.21**），ヒト凍結肝細胞（HCH）および4種類の肝がん細胞株（Hep3B，HLF，Huh-7およびPLC）（**図7.22**）の各細胞をディッシュ底面に接着させた後，細胞形態を観察するとともに，1細胞ごとの最大位相差（$\Delta\Phi$）をPLMを用いて測定した。その結果，いずれの正常細胞とがん細胞との組み合わせにおいても，がん細胞の最大位相差は正常細胞の最大位相差よりも有意に小さいことが明らかとなった。このことから，1ピクセルごとの位相差測定により正常細胞とがん細胞を非侵襲的に識別できる可能性が強く示唆された。

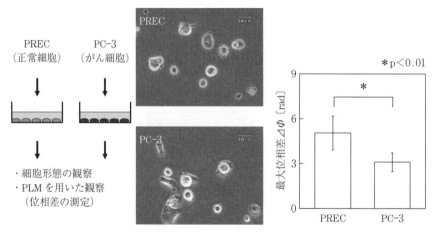

各細胞をディッシュ底面に接着させた後，細胞形態を観察するとともに，各1細胞内の最大位相差（$\Delta\Phi$）をPLMを用いて測定した。

図7.21　正常ヒト前立腺上皮細胞（PREC）およびヒト前立腺がん細胞株（PC-3）との最大位相差の比較

　さらに，PREC細胞とPC-3細胞を3通りの割合で混合し，PLMによる位相差測定からがん細胞であるPC-3細胞の混合割合を推定できるかどうか検討した。その結果，PC-3細胞の割合を43.3，14.0および10.6%にした各培養において，おのおの100個の細胞についてPLMを用いて求めた最大位相差からPC-3細胞の割合がそれぞれ49.8，8.0および2.5%と推算された。このことか

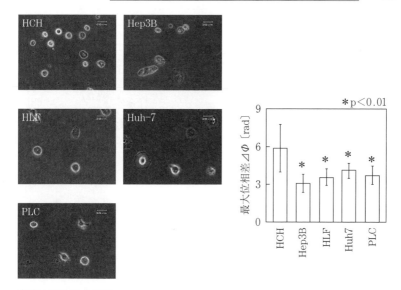

方法は図 7.21 と同様。

図 7.22 ヒト凍結肝細胞（HCH）および 4 種類の肝がん細胞株（Hep3B，HLF，Huh-7 および PLC）との最大位相差の比較

らも，PLM によって測定した各細胞の最大位相差の値からがん細胞の混入割合の概数を非侵襲的に推定することの可能性も示された（データ不記載）[8]。

（3）正常細胞とがん細胞と最大位相差と細胞骨格量の関係

（2）で，PLM を用いた 1 ピクセルごとの位相差定量から，肝細胞と前立腺細胞のおのおのにおいて，がん細胞の最大位相差が正常細胞の最大位相差に比べて有意に小さいことを示し，位相差測定による正常細胞とがん細胞との識別の可能性を示した。ここでは，正常細胞とがん細胞との細胞骨格の量の違いが細胞の厚さや屈折率に違いを生じさせ，位相差が異なるというメカニズムの検証を試みた。

すなわち，アクチン合成阻害剤サイトカラシン（Cytochalasin）D（0〜20 μM）を含まない培地のみで（**図 7.23**），あるいは含む培地も用いた場合（**図 7.24**）で，正常ヒト前立腺上皮細胞（PREC）とヒト前立腺がん細胞株（PC-

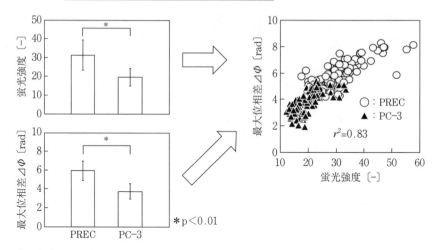

各 1 細胞の最大位相差とアクチン量をそれぞれ測定し比較するとともに，右図では最大位相差とアクチン量の相関を調べた。

図 7.23　正常ヒト前立腺上皮細胞（PREC）およびヒト前立腺がん細胞株（PC-3）の最大位相差と各 1 細胞のアクチン細胞骨格量の関係

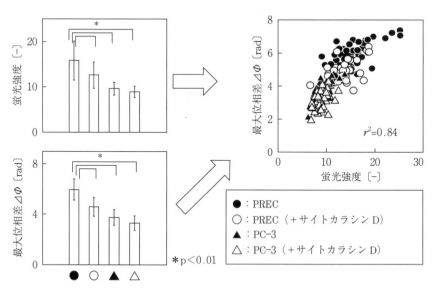

サイトカラシン D 添加有無の正常ヒト前立腺上皮細胞（PREC）およびヒト前立腺がん細胞株（PC-3）の最大位相差およびアクチン量を測定し，両者の相関を確認した。

図 7.24　サイトカラシン D 添加が最大位相差とアクチン細胞骨格量に及ぼす影響

3) を静置培養し，4％パラホルムアルデヒドで固定後，PLM（測定波長 532 nm，エフケー光学研究所，日本）により細胞の最大位相差を定量した。一方，培養した細胞のアクチン細胞骨格をローダミンファロイディン（Rhodamine-phalloidin）を用いて蛍光染色し，蛍光顕微鏡を用いた輝度測定を行い，アクチン量を評価した。

また，屈折率は異なるが浸透圧がほぼ等しい2種類の溶液を用意し，PLMで細胞の位相差を測定し，細胞の屈折率と細胞の厚さを求めた（**図7.25**）。

細胞の平均最大位相差と平均アクチン量はともに試薬無添加の PREC 細胞，試薬添加の PREC 細胞，試薬無添加の PC-3 細胞，試薬添加の PC-3 細胞の順に減少し両者に相関が認められた（図7.24 右図）ことから，位相差減少の原因はアクチン量減少である可能性が高いと考えられた。また，どの場合も細胞屈折率に差異はほとんどなく，細胞厚さだけがこの順に減少していたことか

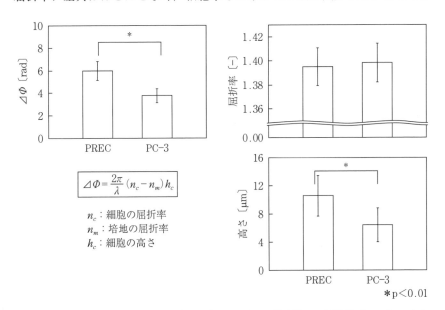

接着した正常ヒト前立腺上皮細胞（PREC）およびヒト前立腺がん細胞株（PC-3）の高さと屈折率をそれぞれ PLM を用いて測定し比較した。

図7.25 正常ヒト前立腺上皮細胞（PREC）およびヒト前立腺がん細胞株（PC-3）における細胞高さと屈折率の比較

ら，がん細胞における細胞のアクチン骨格量変化による位相差の変化は細胞の厚さの変化による（図7.25）ものである可能性が高いと考えられた。

すなわち，がん細胞（PC-3細胞）では正常細胞（PREC細胞）に比べてアクチン細胞骨格量が少ないため，細胞厚さが小さくなるとともに位相差も小さくなっている可能性が高いと考えられた[9]。

（4）　最大位相差によるがん細胞識別に細胞平面形状（平均円形度）が与える影響

これまでにPLMによる各細胞の最大位相差測定により，正常細胞とがん細胞とを識別できる可能性を示した。しかし，これまで7.4.6項（2），（3），（4）でとりあげた細胞の平面形態はいずれも円形に近いので，細長く伸展した繊維芽様細胞でも識別可能か否かを調べた。

正常ヒト前立腺上皮細胞（PREC）およびヒト前立腺がん細胞株（PC-3），正常ヒト胎児肺細胞（MRC-5）およびヒト肺がん細胞株（Lu99B），ヒト骨髄間葉系幹細胞（HK-14，HK-15）およびヒト骨肉腫細胞（HuO-3N1）をそれぞれ35 mmϕディッシュを用いて，37℃，5% CO_2雰囲気下で静置培養した。その後，ホルマリン液で固定後，PLM（レーザー波長632.8 nm，対物レンズ4倍，エフケー光学研究所）により細胞ごとの最大位相差を定量した（**表7.5**）。また，画像処理ソフトImage Jを用いて各細胞の平均円形度を算出した。なお，細胞の平均円形度は，細胞の接着面積をS〔μm^2〕，細胞の周囲長をL〔μm〕としたときに，$4\pi S/L^2$で表される。

その結果，平均円形度がおのおの0.92，0.89，0.90と1に近く，比較的円形に近いPREC，PC-3，Lu99B細胞については，がん細胞の最大位相差平均値（PC-3：4.27 rad，Lu99B：4.97 rad）が正常細胞の最大位相差平均値（PREC：6.10 rad）に比べて明らかに小さかった。しかし，平均円形度がおのおの0.45，0.28，0.16，0.13と小さく，細長く伸展した細胞であるMRC-5，HK-14，HK-15，HuO-3N1では，正常細胞，がん細胞に関わらず平均最大位相差がおのおの2.72，2.10，2.14，2.36 radときわめて小さかった。

したがって，平均円形度が大きい細胞については正常細胞とがん細胞を最大

表 7.5　ディッシュ底面に接着した種々の細胞の平均円形度と平均最大位相差の測定値

| 組織 | 正常／がん | 名称 | 平均円形度〔-〕 | 最大位相差 $\Delta\Phi$〔rad〕 | | | n |
				平均	標準偏差 SD		
肝臓	がん	Hep3B	0.85	3.95	0.93		26
		HLF	0.81	4.59	0.85		25
		Huh-7	0.79	5.27	0.78		26
		PLC	0.8	4.8	0.94		25
	正常	HCH	0.91	7.57	2.46		26
前立腺	がん	PC-3	0.89	4.27	0.99		100
	正常	PREC	0.92	6.10	1.16		100
肺	がん	Lu99B	0.90	4.97	0.82		80
	正常	MRC-5	0.45	2.72	0.61		80
骨髄	がん	HuO-3N1	0.13	2.36	0.61		80
	正常	MSC（HK-14）	0.28	2.10	0.73		80
		MSC（HK-15）	0.16	2.14	0.64		80

（HK-14，HK-15 はロット番号）

位相差で識別できる可能性が高いが，平均円形度の小さい繊維芽様の細胞では最大位相差のみでは識別が難しいと考えられた。

（5）　細胞最大位相差のタイムラプス解析によるがん細胞識別の高精度化

これまでに，正常ヒト前立腺上皮細胞（PREC）の 1 細胞内の最大位相差の方がヒト前立腺がん細胞株（PC-3）の 1 細胞内の最大位相差より有意に高いことを示したが，（4）で述べたように平均円形度の小さい細胞では識別が難しい。そこで，PC-3 および PREC 細胞を別々のディッシュで培養し，1 細胞内の最大位相差を実測により求めるとともに，両分布を重ねたヒストグラムを描いた（**図 7.26**）。PREC，PC-3 の 1 細胞内の最大位相差の細胞集団内での平均値は明らかに PREC 細胞の方が高い（図（a））が，これら二つの分布の間には明らかに重なる部分がある（図（b））。したがって，一つの培養器内の多数の PREC，PC-3 細胞の中から PC-3 細胞を 100％の確率で識別することは不可能と推測された。

ところで，7.4.5 項で述べたように，同じ種類の細胞であっても，G2/M 期

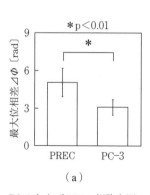

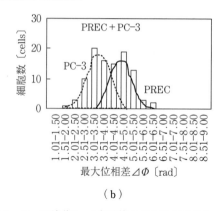

（a）　　　　　　　　　　　　　　　（b）

PC-3 および PREC 細胞を別々のディッシュで培養し，1細胞内の最大位相差の分布（（a）の棒グラフおよび右のグラフの点線（PC-3）と実線（PREC））を実測により求めるとともに，両分布を重ねたヒストグラムを描いた（（b）のヒストグラム）。

図7.26 PC-3 細胞集団における最大位相差の分布と PREC 細胞集団における最大位相差の分布の重なり

にある細胞の最大位相差は，G0/G1/S 期にある細胞の最大位相差よりも有意に大きかった。そこで，任意に決めた一つの細胞について細胞周期期間を通して最大位相差を追跡すれば（PLM を用いた最大位相差のタイムラプス計測），細胞周期による位相差の差異をより確実に確認するとともに，より精度の高いがん細胞の識別が可能になるのではないかと考えた。

そこで，チャイニーズハムスター卵巣（CHO）細胞 1-15$_{500}$ 株，PC-3，PREC を対数増殖期まで静置培養し，培養ディッシュを PLM 用インキュベーター（温度：37℃，CO_2 濃度：5%）にセットした（**図7.27**）。つぎに，接着培養中の CHO 細胞の分裂と位相差を位相差タイムラプス測定用インキュベーターを用いて 28 h 連続的に観察した。視野内の任意に選択した細胞が 1〜3 回分裂するまで，一定の時間間隔（5〜15 min）で明視野画像，位相分布画像，位相差鳥瞰図（**図7.28**（**口絵4**））および，細胞内の位相差最大値を取得した。

その結果，CHO，PC-3，PREC すべての細胞で，明視野画像から確認した分裂期の前後を含めた短時間（20 min〜2 h）で，最大位相差の急激な増加（2

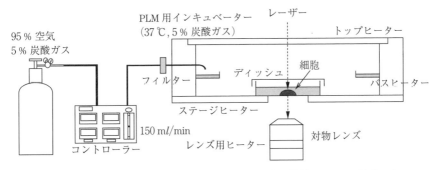

5%炭酸ガス通気および各種ヒーターにより常時培養環境に維持したPLM用インキュベーター内に，接着細胞を含むディッシュを静置し，レーザーや対物レンズを含むPLMを用いてほぼ連続的に特定の細胞の位相差を追跡できる。

図7.27 接着細胞の位相差タイムラプス測定用インキュベーター

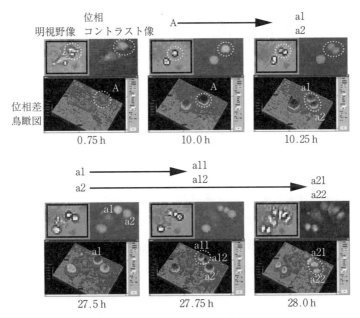

明視野像および位相コントラスト像により細胞分裂を確認するとともに，位相鳥瞰図から各時期の各細胞の最大位相差を求めた。この例では，細胞Aが，10.0～10.25 hの間に分裂して細胞a1と細胞a2になった。さらに，細胞a1は細胞a11と細胞a12に，一方細胞a2は細胞a21と細胞a22に，それぞれ分裂した。

図7.28（口絵4） 接着細胞位相差のタイムラプス解析

〜5 rad）と減少（2〜5 rad）が続けて生じることが観察された。また，細胞分裂を複数回確認できた CHO，PC-3 については位相差の経時的データから細胞周期を求めることができた（データ不記載）。

　すなわち，PC-3 と PREC の細胞分裂期以外の経時的位相差データを比較したところ，分裂期を除いた PC-3 の位相差（3〜4 rad）は PREC の位相差（7〜7.5 rad）と比べて，顕著に小さかった（**図 7.29**）。

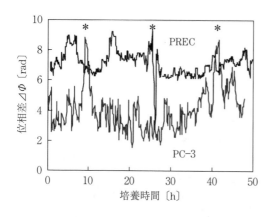

正常細胞（上，PREC 細胞）とがん細胞（下，PC-3 細胞）の位相差の各タイムラプス測定を行い，細胞分裂期以外の位相差を比較した。

図 7.29　正常細胞とがん細胞の位相差のタイムラプス測定

　したがって，細胞周期の中で分裂期に細胞位相差が高くなることを確認できた。さらに，細胞分裂を少なくとも 1 回含む培養期間に，最大位相差を経時的に数回測定すれば，分裂期以外の期間の各最大位相差を求め，PC-3 と PREC とをほぼ 100％ 識別できると考えられた[10]。

（6）　細胞内での位相差分布パターン分析によるがん細胞の高精度識別

　再生医療における培養細胞移植では，がん細胞混入の有無の診断は非常に重要かつ非侵襲的である必要がある。これに対して（5）まででは，観察対象物透過光に生じる位相差を視野内の 1 ピクセルごとに定量できる PLM を利用して，前立腺上皮細胞と肝臓細胞について，がん細胞内の位相差最大値が正常細胞内の位相差最大値に比べ顕著に小さいことを明らかにした。しかし，この方法では全体の約 30％ の正常細胞ががん細胞と誤って識別される，細長い繊維芽様の細胞では識別が困難であるなどの問題点があった。そこでその解決策として，理論的には 100％ の識別精度も可能なタイムラプス解析が前項で提案さ

れだが，インキュベーター内で長時間連続して位相差定量する必要があること
が難点であった。そこで，これまでのように1細胞の最大位相差のみを解析す
るのではなく，1細胞内の全ピクセルの位相差データをすべて用いて「細胞内
位相差分布解析」を行うことにより，より実用的かつ高精度で理想的な識別法
が可能か否か検討された。

　すなわち，正常ヒト前立腺上皮細胞（PREC）およびヒト前立腺がん細胞株
（PC-3），ヒト正常凍結肝細胞（HCH）および肝がん細胞株（Hep3B，HLF），
ヒト骨髄間葉系幹細胞（MSC）およびヒト骨肉腫細胞（HuO-3N1）を35ϕ
ディッシュにて接着培養後，PLM（測定波長532 nm，エフケー光学研究所）
により細胞内全個所の位相差を定量した。まず，細胞接着面の面積，円形度，
細胞内の最大位相差，平均位相差などでは両細胞の高精度識別はできないこと
があらためて確認された。

　一方，最大位相差を与えるレーザー光が透過する細胞接着面上の任意の点を
含む細胞接着面における位相差分布プロファイルを，細胞内最大位相差と接着
面長さとで正規化してから位相差プロファイルを調べた（**図 7.30（口絵 5）**）。
すると，組織部位や細胞形状に関わらず，がん細胞，正常細胞各々が三角形
様，台形様だった（図③）。

　さらに，PREC 細胞と PC-3 細胞おのおのについて上記直線上での典型的な
位相差プロファイル（平滑化モデルプロファイル，図 7.30 ④）を既存の測定
データをもとにして設定し，未知細胞の細胞内位相差プロファイル（**図 7.
31**）がこれらのいずれに近いかを示す，がん細胞指標（Cancer index（CI））
を次式にしたがって計算した。

Cancer Index（CI）

$$= \frac{\sqrt{\Sigma(\varDelta\varPhi_N - \varDelta\varPhi_N(\text{Normal}))^2}}{N_L} - \frac{\sqrt{\Sigma(\varDelta\varPhi_N - \varDelta\varPhi_N(\text{Cancer}))^2}}{N_L}$$

ただし，式中，$\varDelta\varPhi_N$，$\varDelta\varPhi_N(\text{Normal})$，$\varDelta\varPhi_N(\text{Cancer})$，$N_L$ はおのおの，未知細
胞の正規化後の位相差プロファイル，および PREC 細胞と PC-3 細胞の正規化
後の典型的平滑化位相差プロファイル，直線上の測定点数である。その結果，

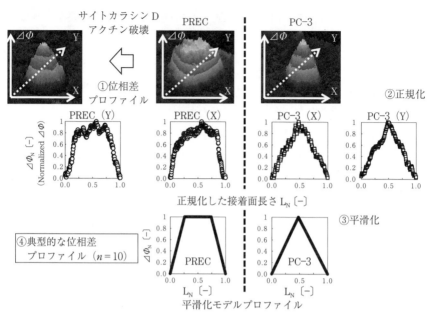

① 正常細胞 PREC，がん細胞 PC-3 およびサイトカラシン D 処理した PREC の位相差 $\Delta\Phi$ データを各 X 軸 Y 軸を用いた鳥瞰図で示した。② 各鳥瞰図の中で位相差が最も高い点（頂点）を通る X 軸方向および Y 軸方向の切片（位相差プロファイル）を作成した。その際，各プロファイル中で最も低い位相差値を 0，最も高い位相差値を 1 として位相差を正規化した（$\Delta\Phi_N$〔-〕）。同様に各プロファイルにおける接着面の長さを正規化した（L_N〔-〕）。③ PREC，PC-3 の正規化した位相差プロファイルを平滑化し，④ それぞれ 10 個のデータを用いて台形および三角形の平滑化モデルプロファイルを作成した。図には X 方向または Y 方向のうちの一方向しか示していないが，基本的に 2 方向それぞれで行う。

図 7.30（口絵 5） PREC 細胞と PC-3 細胞の正規化した位相差プロファイルの比較

上皮様細胞，線維芽様細胞（長軸方向）ともに，がん細胞，正常細胞（各 $n = 10$）はおのおの 100％ の確率で正および負の値となった（図 7.31）。したがって，上皮様細胞と線維芽様細胞のどちらにおいても，CI が正であればがん細胞，負であれば正常細胞となることから，がん細胞と正常細胞を高精度に識別できると考えられた。ただし，線維芽様の細胞については，長軸方向の位相差プロファイルを用いることが必要と考えられた（**図 7.32**）[11]。円形度が大きい円形に近い肝臓細胞では，正常細胞（HCH），がん細胞（Hep3B，HLF）の

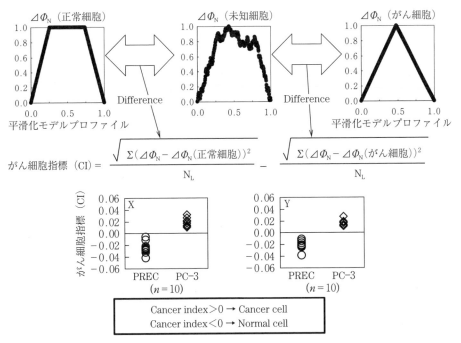

がん細胞指標（CI）＝ $\dfrac{\sqrt{\dfrac{\Sigma(\varDelta\varPhi_N - \varDelta\varPhi_N(\text{正常細胞}))^2}{N_L}}}{} - \dfrac{\sqrt{\dfrac{\Sigma(\varDelta\varPhi_N - \varDelta\varPhi_N(\text{がん細胞}))^2}{N_L}}}{}$

Cancer index＞0 → Cancer cell
Cancer index＜0 → Normal cell

正常細胞，がん細胞のモデル細胞（この例では，それぞれ PREC 細胞と PC-3 細胞）を設定
した。未知細胞の平滑化位相差プロファイルを求め，未知細胞のプロファイルが正常細胞の
平滑化モデルプロファイル，がん細胞の平滑化モデルプロファイルのいずれに近いかを，が
ん細胞指標（Canncer index（CI））を計算して判定する。図の例では，たがいに直交する任
意のX軸Y軸のいずれで判定しても，正常細胞 PREC，がん細胞 PC-3 の各10個の細胞は，
それぞれ CI が負の値，CI が正の値となり，すべての被験細胞が正常細胞とがん細胞とに正
しく診断された。

図7.31 位相差プロファイルを用いたがん細胞識別

いずれの場合でも，任意のX軸，Y軸で，すべての被験細胞が正しく診断され
た。

　細長い（円形度が小さい）線維芽様の形態である骨髄由来の細胞（正常細胞
の MSC，がん細胞の HuO-3N1）の場合は，短軸方向では十分な CI による診
断はされなかったが，長軸方向を選択して CI を求めれば十分高精度な診断が
可能と示された。

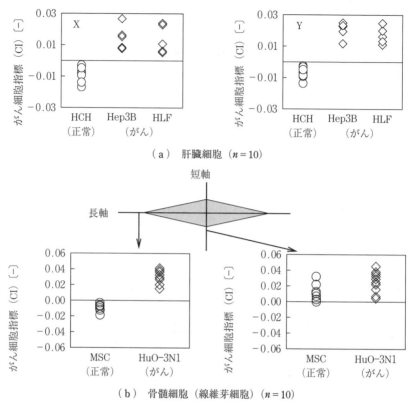

（a）　肝臓細胞（$n = 10$）

（b）　骨髄細胞（線維芽細胞）（$n = 10$）

図7.32　繊維芽細胞の長軸方向の位相差プロファイルを用いたがん細胞識別

7.4.7　組織特異的分泌物の定量による非侵襲的分化評価

　再生医療で主流になっている自家細胞移植では，患者から採取して培養できる細胞の量に限りがある。しかし，従来の細胞の品質評価法である免疫染色法や動物の移植法などは破壊的検査であるので，新たに非破壊的，非侵襲的で，短時間で行うことのできる細胞品質評価法を確立する必要がある。これまでに，顕微鏡観察から得られる細胞形態情報を用いた，間葉系幹細胞（MSC：mesenchymal stem cell）から軟骨細胞への分化度の非侵襲的評価法が報告されている。一方，培養液上清の分析も非侵襲的に行えることに注目した。また，軟骨細胞から特異的に分泌されるタンパク質として MIA（melanoma inhibitory activity）があり，軟骨細胞の再分化培養においてアグリカン遺伝子の発現率と MIA 比生産速度との間に相関関係があることが見出されている。

そこで，MSC から軟骨細胞への分化誘導培養時におけるアグリカン遺伝子の発現度と MIA 比生産速度との相関関係を調べ，分化度の MIA 定量による非侵襲的測定の可能性が検討された。同じドナーのヒト骨髄由来 MSC を用いた 24 日間のペレット培養（3 バッチ）において，3 日ごとの培地交換で得られる培養上清の MIA 濃度を ELISA 法により測定した。また，6 日ごとにペレット

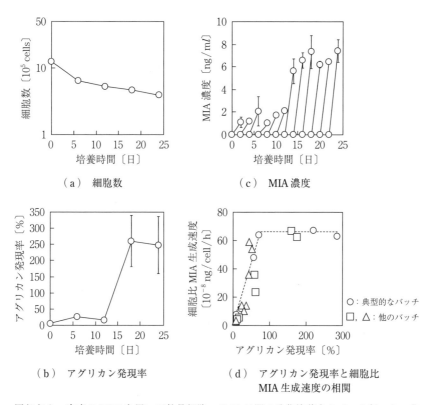

（a）　細胞数

（c）　MIA 濃度

（b）　アグリカン発現率

（d）　アグリカン発現率と細胞比
MIA 生成速度の相関

同じドナー由来の MSC を用いて軟骨細胞への 24 日間の分化培養を 3 バッチ行った。典型的なバッチの細胞数（a），アグリカン発現率（b），および培養液上清の MIA 濃度（c）が示された。培養 2 日ごとに MIA 生産速度を平均細胞濃度で割り，細胞比 MIA 生成速度を算出し，アグリカン平均発現率に対してプロットした（d）。

図 7.33　MSC から軟骨細胞への分化培養における MIA 生成（*n* = 3，平均値 ± SD）

を酵素処理して得られる細胞について，トリパンブルー染色法により細胞数計数を行い，定量的RT-PCRによりアグリカン遺伝子発現率を定量した（**図7.33**）。

　その結果，培養時間の経過に伴いアグリカン発現率が増加する（図（b））とともに，上清中のMIA濃度も増加する傾向が見られた（図（c））。このアグリカン発現率と算出したMIA比生成速度との間には正の相関関係（相関係数0.93）がみとめられた（図（d））。すなわち，間葉系幹細胞から軟骨細胞への分化度合を培養上清を用いたMIA定量により非侵襲的にモニタリングできる可能性が示された[12]。

7.4.8　3次元培養および移植後組織における非侵襲的品質評価

　3次元培養物や生体内の組織における厚さ方向の細胞の分布を計測する手段としてはレーザー共焦点顕微鏡があるが，厚さ方向の計測範囲が $10\ \mu m$ 程度と小さい。医療用としても実用性に優れた技術として低コヒーレンス光干渉断層画像測定法（optical coherence tomography, OCT）と光音響法（photoacoustic measurement）が挙げられる。

　OCTは，対象物からの後方散乱光を干渉計で検出するという簡便な光学システムによって，深さ数mmの場所で，$1\ \mu m$ 程度の空間分解能で観察可能である。しかし，細胞や組織の機能に関する情報は得られない。

　これに対してさらに深部での診断が可能で，機能情報の取得も可能であるのが光音響法である。測定対象の組織などに一定条件の光を照射すると，熱弾性過程により応力波（光音響波）が発生する。この光音響波を圧電素子により検出し，その伝播時間から組織の深さ情報が，強度から組織の粘弾性などの情報が得られる。

7.5　最先端の細胞加工技術

7.5.1　レーザーによる細胞選別

細胞培養系の中には複数種類の細胞が含まれている場合が多く，それらの中から特定の細胞だけを選別する必要のある場合がある。その際の細胞選別法として，5章でフローサイトメトリー，免疫磁気分離，水性二相分離，密度勾配遠心，低速遠心，接着分離を説明した。

しかし，これらはいずれも細胞を浮遊状態にしなければならず，接着状態のままで選別はできない。また，前三者は選別の基準として細胞表面抗原を採用しているが，抗原を識別するための免疫染色は侵襲的である。

一方，7章の中で述べたように，細胞の接着形態と細胞の機能とは関係があり，細胞の接着形態を基準として選別するには細胞が接着したままでの選別方法が必要となる。また，細胞形態を基準とする選別は非侵襲的となる可能性が高い。そこで，レーザーを利用して，接着状態の細胞集団から特定の細胞を選別する方法が提案されている[13]。

接着培養中の細胞を顕微鏡で観察しながら，目的の形態の細胞以外の細胞にレーザーを照射して破壊し，目的の形態の細胞のみを残す方法がネガティブセレクションである（**図 7.34**）。

実用的には，短時間で多数の細胞を破壊することが必要となるが，Cyntellect 社の装置では，最大で毎秒 1 000 個の細胞を識別し，レーザー照射で破壊できると報告されている。

レーザーの種類としては，安価な UV レーザーも使用できる。しかし，そのためには通常のプラスチックディッシュに接着した細胞には適応できず，ガラス上に細胞を接着させる必要がある。

接着している細胞集団から特定の形態の細胞だけを，レーザー照射により回収する技術（ポジティブセレクション）も報告されている[14]。

目的の細胞の近傍にフェムト秒レーザーを照射すると衝撃波が生じる。この

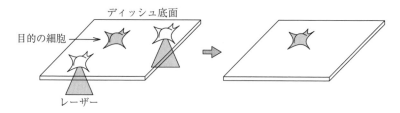

（a）　ネガティブセレクション

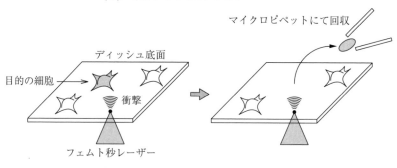

（b）　ポジティブセレクション

図7.34　レーザーによる細胞選別

エネルギーにより接着細胞が剥離され，この細胞をマイクロピペットで回収する（図7.34）。フェムト秒レーザーを使用するためプラスチックディッシュ上でも選別・回収はできるが，処理速度はきわめて遅いのが現状である。

7.5.2　バイオプリンティング[15)]

　従来の培養技術では，生体内の組織や器官がもつ複雑な立体構造を構築できない。そこで，カラーインクジェットなどの印刷技術や積層技術を活用して，生きた細胞や細胞外マトリックスタンパク質などを精密にプリントし，積層することにより，立体構造を有する生体組織の構築が試みられている（**図7.35**）。

　ナノテクノロジーの利用により，フィブロネクチンなどの細胞接着タンパク質を微細なパターンで塗布し，その上で細胞を接着して培養したり，接着タンパク質を結合したナノ粒子を基板上に配列し，細胞を接着させることも報告されている。

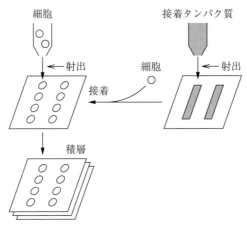

細胞

接着タンパク質

←射出

細胞

←射出

接着

積層

図7.35 バイオプリンティングのイメージ

引用・参考文献

1 章

1) 吉田敏臣：培養工学，コロナ社 (1998)
2) M. Takagi, H. Hayashi and T. Yoshida：The effect of osmolarity on metabolism and morphology in adhesion and suspension Chinese hamster ovary cells producing tissue plasminogen activator., Cytotechnology, 32, pp. 171〜179 (2000)
3) M. Nakahara, M. Takagi, T. Hattori, S. Wakitani, and T. Yoshida：Effect of subcultivation of human bone marrow mesenchymal stem cells on their capacities for chondrogenesis, supporting hematopoiesis, and telomea length., Cytotechnology, 47, pp. 19〜27 (2005)
4) 日本生化学会編：細胞培養技術，東京化学同人 (1990)

2 章

1) Biotechnology and Bioengineering, 44, pp. 808〜818 (1994)
2) 寺田　聡：絹タンパク質セリシンの動物細胞培養への有効性，バイオサイエンスとインダストリー，60, pp. 683〜684 (2002)
3) M. Takagi, T. Nakamura, C. Matsuda, T. Hattori, S. Wakitani, and T. Yoshida：In vitro proliferation of human bone marrow mesenchymal stem cells employing donor serum and basic fibroblast growth factor., Cytotechnology, 43 (1-3), pp. 89〜96 (2003)
4) M. Fujiwara, R. Tsukada, Y. Tsujinaga, and M. Takagi：Fetal-calf-serum-free culture of Chinese hamster ovary cells employing fish serum., Appl. Microbiol. Biotechnol., **75**, 5, pp. 983〜987 (2007)
5) R. P. Lanza, R. Langer, and W. L. Chick：Principles of Tissue Engineering, R. G. Landes Company and Academic Press, Inc., pp. 35〜49 (1997)
6) 上田　実編：ティッシュエンジニアリング，p.20〜42, 名古屋大学出版会 (1999)
7) M. Takagi, T. Haraguchi, H. Kawai, K. Shiwaku, T. Inoue, Y. Sawa, H. Matsuda, and T. Yoshida：Enhanced adhesion of endothelial cells onto a polypropylene hollow fiber membrane by plasma discharge treatment and high inoculum cell density.,

J. Artif. Organs, 4, pp. 220〜225（2001）

8) M. Takagi, K. Shiwaku, T. Inoue, Y. Shirakawa, Y. Sawa, H. Matsuda, T. Yoshida：
Hydrodynamically stable adhesion of endothelial cells onto a polypropylene hollow
fiber membrane by modification with adhesive protein., J. Artif. Organs, 6, pp. 222
〜226（2003）

9) S. Higashiyama *et al.* : Mixed ligands-modification of polyamidoamine dendrimers
to develop effective scaffold for maintenance of hepatocyte spheroids., J. Biomed.
Mater. Res, 64A（3）, pp. 475〜482（2003）

10) M. Takagi, C. Matsuda, R. Sato, K. Toma, and T. Yoshida : Effect of sugar residues
in glycolipid coated onto a dish on ammonia consumption and gluconeogenesis
activity of primary rat hepatocytes., J. Biosci. Bioeng., 93, pp. 437〜439（2002）

3 章

1) M. Takagi, M. Ilias, and T. Yoshida : Selective retension of active cells employing
low centrifugal force at the medium change during suspension culture of Chinese
hamster ovary cells producing tPA., J. Biosci. Bioeng., 89, pp. 340〜344（2000）

2) M. Takagi, H. Hayashi, and T. Yoshida : Starch particles modified with gelatin as
novel small carriers for mammalian cells., J. Biosci. Bioeng., 88, pp. 693〜695
（1999）

3) M. Takagi and K. Ueda : Comparison of the optimal culture conditions for cell
growth and tissue plasminogen activator production by human embryo lung cells
on microcarriers., Appl. Microbiol. Biotechnol., 41, pp. 565〜570（1994）

4) M. Takagi and K. Ueda : On-line continuous measurement of the oxygen
consumption rate in mammalian cell culture., J. Ferment. Bioeng., 77, pp. 709〜711
（1994）

5) M. Takagi, H. Okumura, T. Okada, N. Kobayashi, T. Kiyota, and K. Ueda : An
oxygen supply strategy for the large-scale production of tissue plasminogen
activator by microcarrier cell culture., J. Ferment. Bioeng., 77, pp. 301〜306（1994）

6) M. Takagi, D. Kubomura, and T. Yoshida. : Effect of temperature on cell population
balance in Dexter's culture of murine bone marrow hematopoietic cells with
stromal cells., J Biosci. Bioeng., 88, pp. 200〜204（1999）

7) J. Lin, M. Takagi, Y. Qu, P. Gao, and T. Yoshida : Metabolic flux change in
hybridoma cells under high osmotic pressure., J. Biosci. Bioeng., 87, pp. 255〜257
（1999）

8) J. Lin, M. Takagi, Y. Qu, P. Gao, and T. Yoshida : Enhanced monoclonal antibody

production by gradual increase of osmotic pressure., Cytotechnology, 29, pp. 27～33 (1999)

9) M. Takagi, T. Moriyama, and T. Yoshida : Effects of shifts up and down in osmotic pressure on production of tissue plasminogen activator by Chinese hamster ovary cells in suspension., J. Biosci. Bioeng., 91, pp. 509～514 (2001)

10) D. Acevedo, S.S. Bowser, M.E. Gerritsen *et al.* : Morphological and proliferative responses of endothelial－cells to hydrostatic pressure—Role of fibroblast growth －factor., J. Cell. Phys., 157, pp. 603～614 (1993)

11) J. Rubin, D. Biskobing, X.A. Fan *et al.* : Pressure regulates osteoclast formation and MCSF expression in marrow culture., J. Cell. Phys., 170, pp. 81～87 (1997)

12) M. Takagi, K. Ohara, and T. Yoshida : Effect of hydrostatic pressure on hybridoma cell metabolism., J. Ferment. Bioeng., 80, pp. 619～621 (1995)

13) H. Gong, M. Takagi, T. Moriyama, T. Ohno, and T. Yoshida : Effect of static pressure on hGM-CSF production by Chinese hamster ovary cells., J. Biosci. Bioeng., **94**, 3, pp. 271～274 (2002)

14) H. Gong, M. Takagi, T. Yoshida : Transduction of static pressure signal to expression of hGM-CSF mRNA in CHO cells., J. Biosci. Bioeng., **96**, 1, pp. 79～82 (2003)

15) 寺田　聡 他：アポトーシス耐性能付与技術　動物細胞の機能的利用に向けて，生物工学会誌, 77, pp. 2～11 (1999)

16) Z. Yun, M. Takagi, and T. Yoshida : Effect of antioxidants on the apoptosis of CHO cells and production of tissue plasminogen activator in suspension culture., J. Biosci. Bioeng., **91**, 6, pp. 581～585 (2001)

17) Z. Yun, M. Takagi, and T. Yoshida : Combined addition of glutathione and iron chelators for decrease of intracellular level of reactive oxygen species and death of Chinese hamster ovary cells., J. Biosci. Bioeng., **95**, 2, pp. 124～127 (2003)

18) Z. Yun, M. Takagi, and T. Yoshida : Repeated addition of insulin for dynamic control of apoptosis in serum-free culture of CHO cells., J. Biosci. Bioeng., **96**, 1, pp. 59～64 (2003)

19) 落合孝広 編：エクソソーム解析マスターレッスン，実験医学別冊，pp.8 ～ 10, 羊土社 (2014)

20) Y. Takuma, M. Takahashi and Y. Nishikawa：Effect of exosome isolation methods on physicochemical properties of exosomes and clearance of exosomes from the blood circulation., Eur. J. Pharm. Biopharm., 98, pp.1 ～ 8 (2016)

21) A. Matsumoto, Y. Takahashi, M. Nishikawa, K. Sano, M. Morishita, C.

Charoenviriyakul, H. Saji and Y. Takakura : Accelerated growth of B16BL6 tumor in mice through efficient uptake of their own exosomes by B16BL6 cells., Cancer Sci., **108**, 9, pp. 1803 ～ 1810（2017）

22）S. Han and W. J. Rhee : Inhibition of apoptosis using exosomes in Chinese hamster ovary cell culture., Biotechnol. Bioeng., **115**, 5, pp. 1331 ～ 1339（2018）

23）M. Takagi, S. Jimbo, T. Oda, Y. Goto and M. Fujiwara : Polymer fraction including exosomes derived from Chinese hamster ovary cells promoted their growth during serum-free repeated batch culture., J. Biosci. Bioeng., **131**, 2, pp. 183 ～ 189（2021）

24）A. Hasegawa, H. Yamashita, S. Kondo, T. Kiyota, H. Hayashi, H. Yoshizaki, A. Murakami, M. Shiratsuchi, and T. Mori : Proteose peptone enhances production of tissue-type plasminogen-activator from human－diploid fibroblasts., Biochem. Biophys. Res. Com., 150, pp. 1230～1236（1988）

25）「ヒト又は動物細胞株を用いて製造されるバイオテクノロジー応用医薬品のウイルス安全性評価」について，医薬審第 329 号（2000）

26）日経バイオビジネス，11，pp. 144～147（2003）

27）K. F. Wlaschin, P. M. Nissom, M. D. Gatti, P. F. Ong, S. Arleen, K. S. Tan, A. Rink, B. Cham, K. Wong, M. Yap, Wei-Shou Hu : EST sequencing for gene discovery in Chinese hamster ovary cells., Biotechnol. Bioeng., **91**, 5, pp. 592～606（2005）

28）大政健史：工業動物細胞のゲノム解析，化学と生物，**45**, 1, pp. 9～11（2007）

29）大政健史　他：日本生物工学会要旨集，1127, p. 205（2002）

30）寺田　聡　他：日本農芸化学会要旨集，3A20p22, p. 233（2007）

31）Li HJ, N. Sethuraman, T. A. Stadheim, D. X. Zha, B. Prinz, N. Ballew, P. Bobrowicz, B. K. Choi, W. J. Cook, M. Cukan, N. R. Houston-Cummings, R. Davidson, B. Gong, S. R. Hamilton, J. P. Hoopes, Y. W. Jiang, N. Kim, R. Mansfield, J. H. Nett, S. Rios, R. Strawbridge, S. Wildt, T. U. Gerngross : Optimization of humanized IgGs in glycoengineered Pichia pastoris., Nat. Biotechnol., **24**, 2, pp. 210～215（2006）

32）N. Q. Palacpac, S. Yoshida, H. Sakai, Y. Kimura, K. Fujiyama, T. Yoshida, and T. Seki : Stable expression of human N-1,4-galactsosyltransferase gene in plant cells modifies N-glycosylation., Proc. Natl. Acad. Sci. USA, 96, pp. 4692～4697（1999）

33）K. Fujiyama, A. Furukawa, A. Katsura, R. Misaki, T. Omasa, and T. Seki : Production of mouse monoclonal antibody with galactose-extended sugar chain by suspension cultured tobacco BY2 cells expressing human N-(1,4)-galactosyltransferase., Biochem. Biophys. Res. Commun. in press（2007）

34）G. J. Rouwendal, M. Wuhrer, D. E. Florack, C. A. Koeleman, A. M. Deelder, H.

Bakker, G. M. Stoopen, van Die I, J. P. Helsper, C. H. Hokke, and D. Bosch : Efficient introduction of a bisecting GlcNAc residue in tobacco *N*-glycans by expression of the gene encoding human *N*-acetylglucosaminyltransferase III., Glycobiology., **17**, 3, pp. 334~344 (2007)

35) R. Misaki, K. Fujiyama, and T. Seki : Expression of human CMP-*N*-acetylneuraminic acid synthetase, and CMP-sialic acid transporter in tobacco suspension-cultured cell., Biochem. Biophys. Res. Commun, **339**, 4, pp. 1184~1189 (2006)

36) T. Paccalet, M. Bardor, C. Rihouey, F. Delmas, C. Chevalier, M. A. D'Aoust, L. Faye, L. Vezina, V. Gomord, and P. Lerouge : Engineering of a sialic acid synthesis pathway in transgenic plants by expression of bacterial Neu5Ac-synthesizing enzymes., Plant Biotechnol J. 2007, **5**, 1, pp. 16~25 (2007)

37) L. Zhu, M. C. van de Lavoir, J. Albanese, D. O. Beenhouwer, P. M. Cardarelli, S. Cuison, D. F. Deng, S. Deshpande, J. H. Diamond, L. Green, E. L. Halk, B. S. Heyer, R. M. Kay, A. Kerchner, P. A. Leighton, C. M. Mather , S. L. Morrison, Z. L. Nikolov, D. B. Passmore, A. Pradas-Monne, B. T. Preston, V. S. Rangan, M. X. Shi, M. Srinivasan, S. G. White, P. Winters-Digiacinto, S. Wong, W. Zhou, R. J. Etches : Production of human monoclonal antibody in eggs of chimeric chickens., Nat. Biotechnol., **23**, 9, pp. 1159~1169 (2005)

4章

1) P. L. Townes and J. Holtfreter : Directed movements and selective adhesion of embryonic amphibian cells., J. Exp. Zool., 128, pp. 53 ~ 120 (1955)

2) K. S. Houschyar, C. Tapking, M. R. Borrelli, D. Popp, D. Duscher, Z. N. Maan, M. P. Chelliah, J. Li, K. Harati, C. Wallner, S. Rein, D. Pförringer, G. Reumuth, G. Grieb, S. Mouraret, M. Dadras, J. M. Wagner, J. Y. Cha, F. Siemers, M. Lehnhardt and B. Behr : Wnt Pathway in Bone Repair and Regeneration— What Do We Know So Far., Front. Cell Dev. Biol., 6, article 170 (2019)

3) T. M. Achilli, J. Meyer and J. R. Morgan : Advances in the formation, use and understanding of multi-cellular spheroids., Expert Opin. Biol. Ther., **12**, 10, pp. 1347 ~ 1360 (2012)

4) H. K. Kleinman and G. R. Martin : Matrigel: basement membrane matrix with biological activity., Semin. Cancer Biol., **15**, 5, pp. 378 ~ 386 (2005)

5) G. B. Schneider, A. English, M. Abraham, R. Zaharias, C. Stanford and, J. Keller : The effect of hydrogel charge density on cell attachment., Biomaterials, **25**, 15, pp.

3023 〜 3028（2004）

6) R. Iwai, Y. Nemoto and Y. Nakayama：The effect of electrically charged polyion complex nanoparticle-coated surfaces on adipose-derived stromal progenitor cell behaviour., Biomaterials, **34**, 36, pp. 9096 〜 9102（2013）

7) R. Iwai, Y. Nemoto and Y. Nakayama：Preparation and characterization of directed, one-day-self-assembled millimeter-size spheroids of adipose-derived mesenchymal stem cells., J. Biomed. Mater. Res. A, **104**, 1, pp. 305 〜 312（2016）

8) R. Iwai, R. Haruki, Y. Nemoto and Y. Nakayama：Induction of cell self-organization on weakly positively charged surfaces prepared by the deposition of polyion complex nanoparticles of thermoresponsive, zwitterionic copolymers., J. Biomed. Mater. Res. B：Appl. Biomater., **105**, 5, pp. 1009 〜 1015（2017）

9) 国循，軟骨細胞から人工気管ラット使い作製　難病治療へ応用めざす，日本経済新聞（2016 年 3 月 16 日）

10) Y. Morimoto, H. Onoe and S. Takeuchi：Biohybrid robot powered by an antagonistic pair of skeletal muscle tissues., Sci. Robot., **3**, 18, eaat4440（2018）

11) Y. Sasai, M. Eiraku and H. Suga：In vitro organogenesis in three dimensions: self-organising stem cells., Development, **139**, 22, pp. 4111 〜 4121（2012）

12) 手塚克哉，辻　孝：器官原基法による立体組織形成技術；大政健史，福田淳二 監修：三次元ティッシュエンジニアリング—細胞の培養・操作・組織化から品質管理，脱細胞化まで—，エヌ・ティー・エス , pp. 259 〜 265（2015）

13) M. A. Lancaster and J. A. Knoblich：Organogenesis in a dish: modeling development and disease using organoid technologies., Science, **345**, 6194 pp. 1247125（2014）

14) D. Yamada, M. Nakamura, T. Takao, S. Takihira, A. Yoshida, S. Kawai, A. Miura, L. Ming, H. Yoshitomi, M. Gozu, K. Okamoto, H. Hojo, N. Kusaka, R. Iwai, E. Nakata, T. Ozaki, J. Toguchida and T. Takarada：Induction and expansion of human PRRX1 ＋ limb-bud-like mesenchymal cells from pluripotent stem cells., Nat. Biomed. Eng., **5**, 8, pp. 926〜940（2021）

5 章

1) 髙木　睦：セルプロセッシング—造血細胞の体外増幅—，再生医療，**2**, 4, pp.17 〜22（2003）

2) 日本生物工学会セル＆ティッシュエンジニアリング研究部会編：再生医療実用化に向けた生物工学研究—米英および国内生物工学者の活動—，pp. 69〜71，三恵社（2003）

3) M. Takagi, H. Kondo, and T. Yoshida : *In vitro* proliferation of primary rat hepatocytes expressing ureogenesis activity by means of co-culture with STO cells., J. Biosci. Bioeng., **94**, 3, pp. 212〜217 (2002)

4) M. Takagi, K. Horii, and T. Yoshida : Effect of pore diameter of porous membrane on progenitor content during a membrane - separated coculture of hematopoietic cells and stromal cell line., J. Artif. Organs, **6**, pp. 130〜137 (2003)

5) 黒澤　尋　他：マウス ES 細胞の胚様体形成のための新規培養技術，山梨大学工学部研究報告, 52, pp. 23〜29 (2004)

6) M. Takagi, Y. Fukui, S. Wakitani, and T. Yoshida : Effect of PLGA mesh on a three-dimensional culture of chondrocytes., J. Biosci. Bioeng., **98**, 6, pp. 477〜481 (2004)

7) S. Maeda, T. Fujitomo, T. Okabe, S. Wakitani and M. Takagi : Shrinkage-free preparation of scaffold-free cartilage-like disk-shaped cell sheet using human bone marrow mesenchymal stem cells., J. Biosci. Bioeng., **111**, 4, pp.489 〜 492 (2011)

8) Y. Sato, S. Wakitani and M. Takagi : Xeno-free and shrinkage-free preparation of scaffold-free cartilage-like disc-shaped cell sheet using human bone marrow mesenchymal stem cells., J. Biosci. Bioeng., **116**, 6, pp. 734 〜 739 (2013)

9) K. Niyama, N. Ide, K. Onoue, T. Okabe, S. Wakitani and M. Takagi : Construction of osteochondral-like tissue graft combining β-tricalcium phosphate block and scaffold-free centrifuged chondrocyte cell sheet., J. Orthop. Sci., **16**, 5, pp.613 〜 621 (2011)

10) S. Miyagi, K. Tensho, S. Wakitani and M. Takagi : Construction of an osteochondral-like tissue graft combining β-tricalcium phosphate block and scaffold-free mesenchymal stem cell sheet., J. Orthop. Sci., **18**, 3, pp. 471 〜 477 (2013)

11) N. Kasai, H. Mera, S. Wakitani, Y. Morita, N. Tomita and M. Takagi : Effect of epigallocatechin-3-o-gallate and quercetin on the cryopreservation of cartilage tissue.,Biosci. Biotechnol. Biochem., **81**, 1, pp.197 〜 199 (2017)

12) M. Takagi, T. Sasaki, and T. Yoshida : Spatial development of the cultivation of a bone marrow stromal cell line in porous carriers., Cytotechnology, **31**, pp. 225〜231 (1999)

13) Y. Tomimori, M. Takagi, and T. Yoshida : The construction of an *in vitro* three-dimensional hematopoietic microenvironment for mouse bone marrow cells employing porous carriers., Cytotechnology, **34**, pp. 121〜130 (2000)

14) T. Sasaki, M. Takagi, T. Soma, and T. Yoshida : Three dimensional culture system

of murine hematopoietic cells with spatial development of stromal cells in nonwoven fabrics., Cytotherapy, **4**, 3, pp. 285〜291（2002）

15） T. Okamoto, M. Takagi, T. Soma, H. Ogawa, M. Kawakami, M. Mukubo, K. Kubo, R. Sato, K. Toma, and T. Yoshida : Effect of heparin addition on expansion of cord blood hematopoietic progenitors in three-dimensional coculture with stromal cells in nonwoven fabrics., J Art Organs, **7**, 4, pp. 194〜202（2004）

16） T. Sasaki, M. Takagi, T. Soma, and T. Yoshida : Analysis of hematopoietic microenvironment containing spatial development of stromal cells in nonwoven fabrics., J. Biosci. Bioeng., **96**, 1, pp. 76〜78（2003）

17） N. Yamada, T. Okano, H. Sakai, F. Karikusa, Y. Sawasaki, and Y. Sakurai : Thermoresponsive Polymeric Surfaces-Control of Attachment and Detachment of Cultured Cells., Makromol. Chem. Rapid Commun., 11, pp. 571〜576（1990）

18） T. Shimizu, M. Yamato, Y. Isoi, T. Akutsu, T. Setomaru, K. Abe, A. Kikuchi, M. Umezu, and T. Okano : Fabrication of pulsatile cardiac tissue grafts using a novel 3-dimensional cell sheet manipulation technique and temperature-responsive cell culture surfaces., Circ. Res., 90, pp. e40〜e48（2002）

6章

1） I. Takahashi, K. Sato, H. Mera, S. Wakitani and M. Takagi : Effects of agitation rate on aggregation during beads-to-beads subcultivation of microcarrier culture of human mesenchymal stem cells., Cytotechnology, **69**, 3, pp. 503 〜 509（2017）

2） R. Iwai, R. Haruki, Y. Nemoto and Y. Nakayama : Induction of cell self-organization on weakly positively charged surfaces prepared by the deposition of polyion complex nanoparticles of thermoresponsive, zwitterionic copolymers., J. Biomed. Mater. Res. B Appl. Biomater., **105**, 5, pp. 1009 〜 1015（2017）

3） Y. Narumi, R. Iwai and M. Takagi : Recovery of human mesenchymal stem cells grown on novel microcarrier coated with thermoresponsive polymer., J. Artif. Organs, **23**, 4, pp. 358 〜 364（2020）

4） B. Fu, K. Yamada, M. Fujiwara, R. Iwai and M. Takagi : Protocol of mesenchymal stem cell inoculation to nonwoven fabric scaffold., Cytotechnology, **71**, 3, pp. 743 〜 750（2019）

5） B. Fu, M. Fujiwara and M. Takagi : Comparison of percentage of CD90-positive cells and osteogenic differentiation potential between mesenchymal stem cells grown on dish and nonwoven fabric., Cytotechnology, **72**, 3, pp. 433 〜 444（2020）

7章

1) N. Shinbara, R. ATAWA, M. Takashina, K. Tanaka, and A. Ichihara : Long−term culture of functional hepatocytes seeded in collagen-glycosaminoglycan matrices., Tissue Engineering, **9**, 1, pp. 27〜36 (2003)

2) P. F. Davies : Flow-mediated endotherial mechanotransduction., Physiological Reviews, 75, pp. 519〜560 (1995)

3) M. Takagi, T. Kitabayashi, S. Koizumi, H. Hirose, S. Kondo, M. Fujiwara, K. Ueno, H. Misawa, Y. Hosokawa, H. Masuhara and S. Wakitani : Correlation between cell morphology and aggrecan gene expression level during differentiation from mesenchymal stem cells to chondrocytes., Biotechnol. Lett., **30**, 7, pp. 1189 〜 1195 (2008)

4) J. Sakai, D. Roldán, K. Ueno, H. Misawa, Y. Hosokawa, T. Iino, S. Wakitani and M. Takagi : Effect of the distance between adherent mesenchymal stem cell and the focus of irradiation of femtosecond laser on cell replication capacity., Cytotechnology, **64**, 3, pp. 323 〜 329 (2012)

5) M. Takagi, T. Kitabayashi, S. Ito, M. Fujiwara, and A. Tokuda : Noninvasire measurement of three-dimensional morphology of adhesive Chinese hamster ovary cells employing phase shifting laser microscope., J. Biomed. Optics, in press (2007)

6) S. Ito and M. Takagi : Correlation between cell cycle phase of adherent Chinese hamster ovary cells and laser phase shift determined by phase-shifting laser microscopy., Biotechnol. Lett., **31**, 1, pp. 39 〜 42 (2009)

7) A. Tokumitsu, S. Wakitani and M. Takagi : Noninvasive estimation of cell cycle phase and proliferation rate of human mesenchymal stem cells by phase-shifting laser microscopy., Cytotechnology, **59**, 3, pp. 161 〜 167 (2009)

8) A. Tokumitsu, S. Wakitani and M.Takagi : Noninvasive discrimination of human normal cells and malignant tumor cells by phase-shifting laser microscopy., J. Biosci. Bioeng., **109**, 5, pp. 499 〜 503 (2010)

9) M. Takagi and N. Tokunaga : Correlation between actin content and laser phase-shift of adhesive normal and malignant prostate epithelial cells., J. Biosci. Bioeng., **115**, 3, pp. 310 〜 313 (2013)

10) M. Takagi and Y. Shibaki : Time-lapse analysis of laser phase shift for noninvasive discrimination of human normal cells and malignant tumor cells., J. Biosci. Bioeng., **114**, 5, pp. 556 〜 559 (2012)

11) M. Takagi and N. Tokunaga : Noninvasive discrimination between human normal

and cancer cells by analysis of intracellular distribution of phase-shift data., Cytotechnology, **67**, 4, pp. 733 ~ 739 (2015)

12) K. Onoue, H. Kusubashi, Y. Sato, S. Wakitani and M. Takagi : Quantitative correlation between production rate of melanoma inhibitory activity and aggrecan gene expression level during differentiation from mesenchymal stem cells to chondrocytes and redifferentiation of chondrocytes., J. Biosci. Bioeng., **111**, 5, pp. 594 ~ 596 (2011)

13) 増原　宏, 細川陽一郎 : レーザーが拓くナノバイオ, 化学同人 (2005)

14) Y. Hosokawa, J. Takabayashi, S. Miura, C. Shukunami, Y. Hiraki, and H. Masuhara : Nondestructive isolation of single cultured animal cells by femtosecond laser-induced shockwave., Appl Phys A79, pp. 795~798 (2004)

15) 田中　賢 : ナノテクノロジー　ボトムアップ型ナノテクノロジー, **35**, 6, pp. 386~390 (2006)

索　引

—— 編著者・著者略歴 ——

髙木　睦（たかぎ　むつみ）
1979 年　大阪大学工学部醱酵工学科卒業
1981 年　大阪大学大学院工学研究科前期課程
　　　　修了（醱酵工学専攻）
1981 年　旭化成工業株式会社医薬開発研究部
　　　　研究員
1994 年　大阪大学助手
　　　　博士（工学）（大阪大学）
1998 年　大阪大学助教授
2004 年　北海道大学大学院教授
2020 年　北海道大学名誉教授

岩井　良輔（いわい　りょうすけ）
2006 年　龍谷大学理工学部物質化学科卒業
2008 年　北海道大学院工学研究科博士前期
　　　　課程修了（生物機能高分子専攻）
2011 年　北海道大学大学院工学研究科博士後
　　　　期課程修了（生物機能高分子専攻）
　　　　博士（工学）
2011 年　国立循環器病研究センター研究所
　　　　生体医工学部特任研究員
2016 年　岡山理科大学技術科学研究所（現フ
　　　　ロンティア理工学研究所）講師
　　　　現在に至る

セルプロセッシング工学（増補）— 抗体医薬から再生医療まで —
Cell Processing Engineering（Enlarged Edition）
— From Therapeutic Antibodies to Regenerative Medicine —

Ⓒ Mutsumi Takagi, Ryosuke Iwai 2022

2007 年 10 月 18 日　初版第 1 刷発行
2022 年 1 月 5 日　初版第 3 刷発行（増補）

★

検印省略			
	編 著 者	髙　木　　　睦	
	著　　者	岩　井　良　輔	
	発 行 者	株式会社　コ ロ ナ 社	
	代 表 者	牛 来 真 也	
	印 刷 所	萩 原 印 刷 株 式 会 社	
	製 本 所	有限会社　愛千製本所	

112-0011　東京都文京区千石 4-46-10
発 行 所　株式会社　コ ロ ナ 社
CORONA PUBLISHING CO., LTD.
Tokyo Japan
振替 00140-8-14844・電話(03)3941-3131(代)
ホームページ https://www.coronasha.co.jp

ISBN 978-4-339-06763-7　C3045　Printed in Japan　　　　（鈴木）

臨床工学シリーズ

- ■監　　　　修　日本生体医工学会
- ■編集委員代表　金井　寛
- ■編集委員　伊藤寛志・太田和夫・小野哲章・斎藤正男・都築正和

ヘルスプロフェッショナルのための テクニカルサポートシリーズ

- ■編集委員長　星宮　望
- ■編集委員　髙橋　誠・徳永恵子

定価は本体価格＋税です。
定価は変更されることがありますのでご了承下さい。

図書目録進呈◆

バイオテクノロジー教科書シリーズ

（各巻A5判，欠番は未発行です）

■編集委員長　太田隆久
■編集委員　相澤益男・田中渥夫・別府輝彦

定価は本体価格+税です。
定価は変更されることがありますのでご了承下さい。

‖‖‖‖‖‖‖‖‖‖‖‖‖‖‖‖‖　図書目録進呈◆

組織工学ライブラリ
―マイクロロボティクスとバイオの融合―

(各巻B5判)

■編集委員　新井健生・新井史人・大和雅之

配本順			頁	本体
1.(3回)	細胞の特性計測・操作と応用	新井史人編著	270	4700円
2.(1回)	3次元細胞システム設計論	新井健生編著	228	3800円
3.(2回)	細胞社会学	大和雅之編著	196	3300円

再生医療の基礎シリーズ
―生医学と工学の接点―

(各巻B5判)

コロナ社創立80周年記念出版
〔創立1927年〕

■編集幹事　赤池敏宏・浅島　誠
■編集委員　関口清俊・田畑泰彦・仲野　徹

配本順			頁	本体
1.(2回)	再生医療のための発生生物学	浅島　誠編著	280	4300円
2.(4回)	再生医療のための細胞生物学	関口清俊編著	228	3600円
3.(1回)	再生医療のための分子生物学	仲野　徹編	270	4000円
4.(5回)	再生医療のためのバイオエンジニアリング	赤池敏宏編著	244	3900円
5.(3回)	再生医療のためのバイオマテリアル	田畑泰彦編著	272	4200円

バイオマテリアルシリーズ

(各巻A5判)

			頁	本体
1.	金属バイオマテリアル	塙　隆夫 米山隆之 共著	168	2400円
2.	ポリマーバイオマテリアル ―先端医療のための分子設計―	石原一彦著	154	2400円
3.	セラミックバイオマテリアル	岡崎正之 山下仁大 編著	210	3200円

尾坂明義・石川邦夫・大槻主税
井奥洪二・中村美穂・上高原理暢 共著

定価は本体価格+税です。
定価は変更されることがありますのでご了承下さい。